时尚速写

随感

U0364890

王首明◎编著

中国轻工业出版社

图书在版编目（CIP）数据

时尚速写随感 / 王首明编著. —北京：中国轻工业出
版社，2015.9

ISBN 978-7-5184-0531-2

Ⅰ. ① 时… Ⅱ. ① 王… Ⅲ. ① 时装 – 速写 – 作品集 –
中国 – 现代 Ⅳ. ① TS941.28

中国版本图书馆 CIP 数据核字（2015）第 169461 号

策划编辑：王恒中　　　责任编辑：蒯　鑫　　　责任终审：劳国强
整体设计：锋尚制版　　　责任监印：张京华

出版发行：中国轻工业出版社（北京东长安街 6 号，邮编：100740）

印　　　刷：北京君升印刷有限公司

经　　　销：各地新华书店

版　　　次：2015 年 9 月第 1 版第 1 次印刷

开　　　本：889×1194　1 / 16　印张：18

字　　　数：200 千字

书　　　号：ISBN 978-7-5184-0531-2　定价：48.00 元

邮购电话：010-65241695　传真：65128352

发行电话：010-85119835　85119793　传真：85113293

网　　　址：http: // www.chlip.com.cn

Email：club@chlip.com.cn

如发现图书残缺请直接与我社邮购联系调换

150404S3X101ZBW

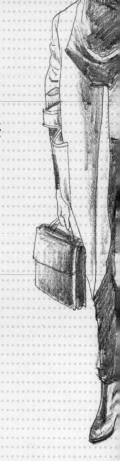

随 感

这是一个浮躁的时代。我们身边的诱惑太多，我们的环境和空气被严重污染，我们茫然不知所措，又几乎无人幸免。

我自然也在其中，首先是坐不住了，书看不下去了，事也干不了了，每天沉迷于电脑，可是心又有所不甘，心里那叫一个纠结。

记得很早前看见一句话：不匆忙，也不休息。好像是歌德说的。这句话陪伴了我很久。

不记得是哪年了，从一支自动铅笔，几张A4复印纸（我不喜欢用速写本的原因是在本子上就不会画了），找张好看的画（大都是时装摄影或美女照片），我就这么开始在纸上涂鸦，就这么画了起来。

说是兴趣所致也好，或是习惯而为之也罢，总之我画了。而画着画着就上瘾了，我喜欢笔尖在纸上摩擦的声音，而且一发不可收拾。

但要想找回当年的状态不大可能，又谈何容易。从某种意义上说只是个愿望而已。

画速写不需要大块时间，又无空间上的局限，更无成本上的考虑，漫不经心地画就是了，况且满眼尽是时尚与美女，何乐而不为呢！还美其名曰：我在追求美。

我在画速写时，也产生过无数次的困惑与无奈，速写画熟了总是那一套，就那几根干巴巴的线条，我看着都腻了，总想有所突破，变形呀，粗犷呀，厚重一些，或画得拙一点，可一旦画起来又被打回原处，真不知如何是好。但画儿这东西不能装，更不能做作，也不要刻意。你人什么样，画出来就什么样，这都无法掩饰。幸好看见这么一句话："做你自己，不管别人说啥。"还有美国摄影大师理查德说过的："我以为我在拍别人，实则是在拍自己。"从这儿我发现这么一个道理，人是有局限的。同时，也明白了做什么事情，先要调整好心态。

闲时画点速写还有记录生活的作用，一是记录时尚，像流行服装，明星们的生活以及服装设计师们的新作，等等；二是记录自己，某年某月你在哪，在干啥，当时的心情如何，等等。

如今几年下来，除了对画的一点点打磨，对时间的一点点打磨，对性格也是一种打磨，她使我静了下来，并有了坚持的意味。几年的坚持，积累了有几百张，在好朋友恒中的支持和鼓励下将这些速写汇集成册，别无他意，仅是与朋友们分享而已。

另外在文字上，也有些随笔的意思，有些是当时画画的一些感受，画的印象，有些是平时阅读收集到的语录和格言，这些文字对我都有一定的启发。当然，主要是一些服装设计师的语录，在这里也是想与朋友们共同分享。

写在前面的话

知识是有限的，而想象却可以环游世界。——阿尔伯特·爱因斯坦

1. 养成阅读习惯

试着养成阅读时尚的习惯。原来都是纸媒，你可以翻阅各种服装期刊，时尚杂志等，这类期刊杂志可以说是多如牛毛。现在是多媒体时代，互联网显示出强大威力，时尚信息量多到令人发指，信息传递方式也越来越多，所以都要有所关注，这也是一种阅读。而关注的角度也要经常变换，有时根据爱好，有时根据性格，但最好是适合自己的。闲了就看看，有空就关注一下，阅读不是什么硬性指标，但重要的是可以慢慢养成阅读这个好习惯。

2. 积累

阅读后可以做些记录，看到喜欢的可以画下来或写下来，还可以用手机拍下来。有时记录一些东西，它迟早会帮到你。记录一些时装款式、品牌设计、大牌设计师或是心仪的模特等。但这仅是一方面，你还可以记录心情，记录想法，记录生活的痕迹。日久天长形成一种积累，也可以称其为艺术的积淀。而在积累的同时，你一定还积累了信心和勇气，你的艺术品位会随着岁月的积淀而提高，面对未来迈出坚实而稳健的步伐。

3. 时尚

时尚是什么？并没有非常确切的定义。教你几个最简单的方法，在北京繁华大街上走一圈或者看看电视娱乐节目，再不就买份什么晚报就一目了然了。所以时尚是需要感知的。至于流行就更说不准了，再高明的设计师都不能确定地告诉你，下一季或明年会流行什么样的服装。如果你去问十个设计师，他们的回答甚至是相互矛盾的。

所以谁也无法预测未来的流行，因为生活有无数的可能，任何突发事件都会影响人们的选择，而所谓流行，正是大多数人选择的结果。

4. 选择关注

泛泛地关注时尚不如有选择地关注。假如你为了提高设计水平，你要有意识地关注主流时尚，时尚权威主要来自几个时装之都，像意大利的米兰、法国的巴黎、英国的伦敦、美国的纽约、西班牙的马德里、日本的东京等。要知道大的品牌基本上都来自这些国家，一些时装设计大师也出自这些地方。

高级成衣（女装）展每年举行两次，分别在二三月发布秋冬时装，九十月发布来年春夏时装，大约提前八个月展出未来一季的新款服饰。秀场不仅仅是设计师和时装的舞台，也是到场嘉宾和观众争奇斗艳的地方，当红的名流明星自不必说，全球最时髦的人士全都集中在了那些时尚城市。

看过这些顶尖级的作品，相信你的审美品位一定会提高。我原来觉得法国巴黎的设计师是最棒的，后来觉得还是意大利的好，最后发现几个英国设计师太厉害了，比如：亚历山大·麦克奎恩、约翰·加利亚若、薇薇安·韦斯特伍德等，他们的作品能给你强烈的震撼，让你脑洞大开。他们的每场发布会都有秀不惊人死不休的那种张力。看过这些大师的作品后，你再看一些较为平庸的东西，肯定就是一脸的不屑。当然，这只是我个人的感觉。

5. 培养欣赏能力

艺术的门类很多，我们不可能一一去学，去掌握。但是我们可以学习欣赏。比如：音乐我们学会听；舞蹈我们学会看。而时装设计主要看这几点：时装造型、时装面料、时装色彩、时装工艺，最后是时装模特对时装的诠释。

时装设计师的素质中有一点最为重要，就是"眼光"。眼光是一种独到的鉴赏力，是一种高超的品位。而眼光的提高是通过"看"来完成的。看就是欣赏，当你饶有兴致地欣赏时，所获得的收获往往大于被动的学习。看就看经典的作品，看大师的作品；这里面还要有一定的分析、判断和比较，长此以往你的欣赏水平会在不知不觉中得到提高。当然，欣赏能力也属于个人天赋，有些人天生的直觉好、悟性高，面对事物反应的敏感度比一般人强。

6. 画点速写

我们知道，速写的功效在于它是一种基本功练习的方法，是培养造型能力、形成艺术审美的重要手段；同时又是我们搜集形象资料、积累创作素材的手段之一。由于速写工具简便，捕捉形象快捷、生动、简明，是构思草图时常用的手段。有些速写看似粗率，却常是创作灵感的契机，每幅速写又有其独立的风格，而具有单独存在的价值。

我个人的体会是想画好速写，首先得热爱它。爱画画的人也要热爱速写，当你画多了画熟了，三下两下就画出一个生动的形象，之后的感觉是很愉悦、很惬意的，也很好玩。你画的时候尽可能放松，画速写嘛，画得不像有什么关系，画的时候可以尽情享受画速写的乐趣。对什么事情只要感兴趣就能坚持，没有学不好的。

再有就是多画。画速写要求量大，画多了就会有一个从量到质的变化，当你画了一百张后，第一张你就想撕了，特别是专业速写一定要有强化训练和量化训练，这里有个量变到质变的过程，这个过程可能很辛苦，但苦中有乐。

还要记住，用心画。任何绘画的研究，都需要有较强的综合能力。你在确定如何表现自己之前，应该知道你将表现什么。尤其是时尚速写，既要了解服装结构，同时还要了解人体解剖。

相对于其他时装表现形式而言，时尚速写所具有的特点是：从一些时尚写实照片转换为速写或手绘草图，它可以让人全方位无拘束地表达出他们对时装的理解。这并非仅仅是技法问题，其中还包含着情感的表达。

当今，尽管利用电脑软件绘画之风大行其道，一统天下，其表现形式呈现多元化、风格化、细微化，手绘这种传统形式已江河日下，这也让手绘这种形式在今天更显得尤为珍贵。让我们一起来享受时尚带给我们的愉悦。

目　录
CONTENTS

坦率地说：灵感来源于生活中的片段和细节。其实我们
不缺乏寻找灵感的能力，需要的是对灵感的记录、归
纳、取舍和输出。
——诺德·扬

01

感受时尚

时尚是什么?
没人说得清,
却又怎么说都行。
还是听听时尚界的大师对时尚的说法吧。

当人们想到时尚，总是想起疯狂的一面或陈腐的一面。但我认为这是错的。时尚是女人生活中重要的组成部分。

——谬西亚·普拉达

年轻一代的设计师，更有倾诉欲，更宽容。

时尚是一种与生俱来的东西，不是后天可以学到的。
——阿泽蒂纳·阿莱亚

　　时装本身的创新几乎已到穷途末路，大多款式不过是在抄袭历史。但这并不影响人们获得新的视觉刺激，因为所谓新与旧，本就是相对的概念。轮回和更新，才是这个世界的规律。

实际上，时装业是建立在工业化和商业化两大支柱之上的，没有这个基础，设计师的创意也好，明星的追捧也好，都只能是泡沫和昙花，转瞬即逝。

享受生活，时尚并不重要。

这是在书上看到的一幅作品，
造型夸张，精神，很想把它画下
来。画时要注意不同材料的质感，
比如羽毛，薄纱等。当然，先要把
握人的结构和比例。

我喜欢简单、纯粹，喜欢一切时
尚的东西，但必须是让我感觉兴奋且
感兴趣的事。

——卡尔文·克莱恩

有自我、有内涵，可以确立自
己性格的女人，性感却不媚俗，优
雅而不做作。

　　70、80后的特点是高度欣赏享乐主义，接着00、10后养成了对以苦为乐的迷恋。今天大
部分被认为纯净、高贵的活动都有点自我控制，甚至彻底地拥抱痛苦和疼痛。

——《纽约时报》

　　在重大的社交场合穿着礼服不仅是体现自身价值的需要，更是对他人的尊重。女式晚礼服是最能展现设计师艺术才华的服装。模特穿上这两套设计精美的礼服，显得雍容大方，婉约动人。

我非常喜欢新闻摄影,我想当新闻记
者。我喜欢真实。
——亚历山大·麦克奎恩

02

感受男装

男人穿衣要不露，
要严实，
让男人的一身肌肉不显山不露水。

不可太重视时髦，因为时髦是常在你前一步，决不会被你捉得住的东西。
——《摩登生活学讲座》

今天在各个学院里面，一个十八岁的青年，顶多是附中的学生，他根本看不起自己，也没人注意他。可你要是比比王希孟，人家真是自信。绘画是手绘的，手艺第一，手艺之上，又是眼光第一。这个眼光，分两层，一是指观察之眼，一个指一边画着，一边你怎么判断自己这幅画，属于经验范畴。而观察之眼，是不可学不可教。所谓天分天分，实际上指的是这个。

——陈丹青

我对时尚的理解是让人们以更加自我的方式去追求生活的真谛，而不仅仅是简单地将logo贴在你的背后。

——克里斯汀·拉克鲁瓦

其实，每个人在欣赏和评价艺术品时都离不开自身的文化背景和他的一些生活经历。不同的人产生不同的感触。

——岳敏君

出席晚会可以看出男女对穿晚礼服的态度是截然不同的。

男：幸好我的领带与大家同样都是黑色的。

女：幸好没有和我撞衫的服装。

这是一张男性纯侧面的姿势，很男人。我想画得厚重一些，适当加了一些结构和明暗。模特的头稍微上扬，脖子伸直，挺胸抬头。重心在左腿。最后还要将人适当拉长一点。

年轻、健康、运动、自然的能
量都会给我带来创作的灵感。
———达科·比盖帕克

这个设计是约翰·加利亚诺的。大气，厚重，潇洒。我画时尽量将其表现出来。画头部时稍微花点功夫，画到服装时，一气呵成，画得非常顺手。

人生最重要的一课就是要学会接受批评。
——约翰·加利亚诺

以一种漫不经心的、冲破传统
束缚而又咄咄逼人的方式促进男装
的改变。
——卡尔文·克莱恩

生活的理想，就是为了理想的生活。
——张闻天

男装也可以叫男人装，男人的服装。穿衣现在不叫穿衣，叫穿的是时尚。穿的是性感。男人要穿出粗犷、威猛、强大、有力量。与女人穿衣不同，男人穿衣要不露，要严实。让男人的一身肌肉不显山不露水。

安迪·沃霍尔是我认识的唯
一一个智商只有60的天才。
　　　——美国作家戈尔·维达尔

画男装时关键是注意动态以及重心，同时还要把男性的劲头画出来。

时尚过去一直被拒绝在艺术殿堂之外，即使是对此最为宽容的法国人，对待时装设计师与对待文学艺术家，还是持有不同等级的敬仰标准。如今艺术品和商品的界限越来越模糊，令许多坚持艺术纯粹性的人士感到痛心，其实艺术还是艺术，时装还是时装，他们虽在美学规律上相同，但在物质生产上仍然还是完全不同的两个领域，他们的结合只是各取所需而已。对大众来说这样的融合打破了艺术的神话，打破了唯我独尊的等级，总之是利大于弊。

　　有时装评论家戏称：现在全世界的时尚一族考虑的问题不再是"我该穿什么服装"，而是"我该穿哪里的服装"了。

佛要金装人要衣装。男
装是什么？穿得自然健康、
穿得得体到位、穿得有型有
款。当然，也有叛逆、颠
覆、中性。

时尚曾经过于性感、奢华、冰冷，是时候将其淡化。
——克里斯多夫·波利

那个时代很干净，我们是时代的坏孩子。现在我们是坏时代的好孩子。

——高晓松

在时装具有那种变幻莫测、令人震撼的视觉冲击中，性意识已经成为一个基本的表现动力。它是创造力和自由的源泉。时装成为了图像化的性。

这张图是比较典型的男性动态。画时适当将比例拉长。站立着的男人首先注意他吃重的腿，他的上身虽然保持平衡，但左边的胯骨是偏高的，重心也在左腿上。

我很关注异质文化现象，不过在时尚中我们见异思迁的速度太快了。真正一个时代的文化形成需要一个长时间的发展过程。

——西地·史利曼

成熟的人可以为高尚的目标，卑贱地活着。

我把这类男模称为帅气，男模的帅气不光
是man，还要有一些多元因素，比如：健康、
阳光、运动感，或者带有一些潇洒与不凡。

男人露很多肉，到底是退步还是进步？以前都说乳沟是女人的"事业线"，现在男人也需要一点身体上的事业线。

我希望看到优雅的回归，希望
男装重新回到更精致、更有魅力的
变化中来。

——西地·史利曼

画这张图时，本来想画深入一点，用比较虚的线条打
了一个轮廓，后来虚虚的线条效果也不错，就停笔了。
由此看来只要比例（比例适当拉长）和动态画好就成功一
半，再注意大的结构和一些细节就差不多了。

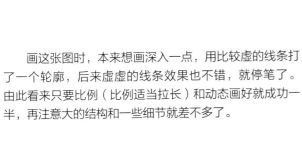

我理解的内心强大，是更柔和客观地看待世界，
是对内心柔性的追求，是海纳百川的淡定与包容。

这几个男模在顶光的氛围下，走台时很男人。除了把动态画好，适当加了一些明暗，将整体气氛画出来外。特别希望能把男模走台时的那种皮鞋与地板接触时发出的"duang duang"声也画出来。

人们总是要求给我的时装风格下定义，就我而言这不应是凝固的，我只知道风格是一种方法。

　　　　　　　　　　　　　　　　　——乔治·阿玛尼

这两个男模特是摆拍。画的时候注意人体重心，左图吃重腿是左腿，右图重心在两腿之间。

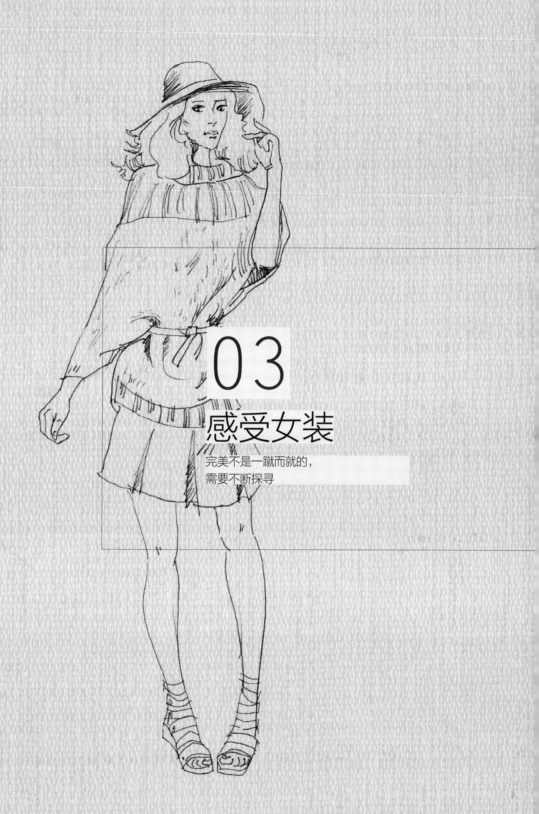

03

感受女装

完美不是一蹴而就的，
需要不断探寻

先成为一个出色亮眼的人，然后再成为设计师。
——薇薇安·韦斯特伍德

原来穿礼服有个讲究，女款是
用料越少越好，越暴露越好。而男
装是越严实越好。

做我们自己，并始终如一。不
要背叛你的性格和失去你的个性。
——多尔切和加巴那

香奈儿醉心于她那个时代的音乐和诗作。抽象且宁静。正是她在这些领域的感知和领悟，成了她创作的源泉。

对于我来说，美真的是来自内心。世上没有完美的美。美不是刊登在杂志封面的人，而是泰然自若于自己的一切，相信自己。

——凯特·温斯莱特

时尚不是设计师与顾客对话，
而是骗子与傻子的对话。
——朱德庸

若不是为了吸引人，女人谁会
花大价钱买一条裙子？难道这不就
是时尚的要义吗？
——阿泽蒂纳·阿莱亚

完美不是一蹴而就的，需要不断探寻。
——阿泽蒂纳·阿莱亚

优雅让女人平添了一份独特魅力，让世界多了一份和谐之美。优雅不再仅仅是外在的感官印象，更是一种面对生活的态度。内心怀着一颗优雅的心，女性会更加淡然笃信，更加懂得去享受生活中的喜悦，让每一刻都成为幸福的瞬间。

我在画的时候，有时特意找一些肌
理复杂的画，而且画得慢点，尽量表现
画面的黑白灰，使之丰富、有层次。

一定程度上你要使自己适应环境。如果我不那么笨，20年前我就成功了。那时我不想成为名人，不参加派对，后来我意识到，人们期望的设计师是他们熟悉的：他的脸，他的谈吐，他的生活和他的设计一样重要。

——罗伯特·卡瓦利

中等就好。自从离开学校我就一直这样子。大学时，工作后，中等就好；友谊、爱情、忠诚，中等就好；性，毫无疑问中等就好——我们大多数人注定平凡。这么说并不能带来任何慰藉，一条短信不断在耳边回响：生命平庸，真理平常，道德平凡。

——朱利安·巴恩斯

04

街拍——
美的瞬间

青春最是美丽，
想想都羡慕

画街拍时装基于街拍的模特表情动态生动、自然、放松，而且街拍模特的服装也比较实用，更生活化一些。

左图光影感很强，画上一些投影，使其效果更强。同时将人身体拉长。当然是拉长腿的部分。

杰出不是一种行动，而是一种习惯。

——亚里士多德

有自我、有内涵，可以确立自己性格
的女人，性感却不媚俗，优雅而不做作。

只有信仰能拯救人类。唯信仰者有权拥抱希望。
——巴赫

"地球村"这一概念在时装中的反
映鲜明而生动。随着时装设计师们从世
界各地寻找灵感，文化大融合趋势也更
多地在每一季的新时装中体现出来。

乐观和自信是生活品质的保证，
顺境与逆境均收敛在我的笑容里。

青春最是美丽，想想都羡慕。

如何定义成功：我不知道怎么定
义成功，但是我觉得我如果能够一直
坚持做我喜欢做的事情就是成功了。

——马克·雅各布

当模特的动态比例画好之后，适当地加一些明暗处理。光源来自上方，着重在一些结构的地方加以刻画，既丰富了画面又塑造了形体。

我并没有什么特别的天赋灵感，却对服装的"性别"很感兴趣。服装可以改变穿者的心情，反之也可以应用穿着打扮改变心情。所以，女性穿着性感的服装会感到愉快，但有时又会害怕显得过于暴露。

——斯特拉·麦卡尼

最精美的东西是我们无法加以解释
的，所以，我们才把他们称为艺术。
——达顿

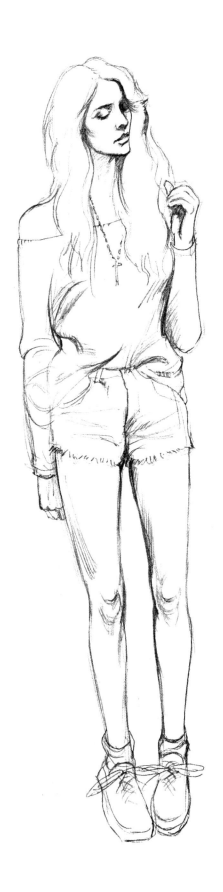

我们有绝对的自由去创造我们想要的东西。有时
我们会试着打破时尚的限制，看我们能玩到什么程
度，这种做法看起来是挑战，可是一定得付出代价。
——维克多·赫斯丁

真正的天才就是在任
何限制中游刃有余。
——歌德

这两张图也力图画得深入一点，首先把握好大形，抓住一些关键点，头部的刻画，衣服质感的刻画，还有光影等细节，其他就放松一些，做到收放有度。

时尚拒绝个性，抹杀个性，
有个性的人可以拒绝时尚。

现在流行的中性风格，简洁、帅气、
硬朗，而又充满着活力。正统西装虽然掩
饰了女性的身材曲线，但却无法掩饰女性
的柔美可爱。

画皮草服装尽量用一些短线条
将其质感展现出来。

街头服装有时是抓拍的，其中不
乏亮眼的装扮，整体给人以健康、简
单、自然、随性、大气的感觉。

人的每一种身份都是一种自我绑
架，唯有失去才是通往自由之途。
　　　　　　　　——毛姆

我喜欢设计新鲜、简单、朴
素，贴近年轻人心灵的服装。
　　　　　　——汤米·希尔费格

我在巴黎总能找到创作灵感，法国人的时
装令人震惊。他们对服装的理解是天生的。

——汤姆·福特

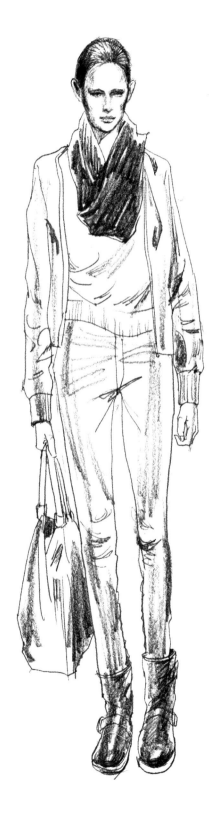

美是个性，再没有比珍视自己
独特个性的女人更有吸引力了。她
有自信去表达自己，去谈新东西，
从内心去创造。

事实上，艺术一点用处也没有，但它蕴含
的复杂价值让我们或者不无聊。
　　　　　　　　——托尼·克拉格

世界上如果没有艺术，
人类只剩余存活问题。
　　——托尼·克拉格

05

室内、动态

一个女人，
应有两件必需品
——优雅与艳丽

一个人处在衣食无忧、受到充分尊重的环境里，很容易养成自信阳光、从容不迫的气度。

人们今天的所说所做只是人生
八分之一表象，真正的情感与思考
则是冰山于海平面下的八分之七，
而那才是人生需要发现的幸福。

我喜欢简单的迷人的事物，并
且能带给人真正自由的感觉。
——恩尼奥·卡巴萨

我喜欢她们的人，更胜于其设计的作品。她们真实的时尚精神和勇往直前的人生态度，没有标价，只要认同。灵魂生命的深度，才是成为经典之必须。

　　我是一个商业化的设计师，我
创造的就是流行一时，买了就穿的
东西。我最幸运的就是有很强的市
场嗅觉。

——汤姆·福特

这个模特的头
像表情吸引了我，
赶紧画下来。

对于艺术可以不精通。但要永
远保持感知的热情，要知道气质是
可以练就出来的。

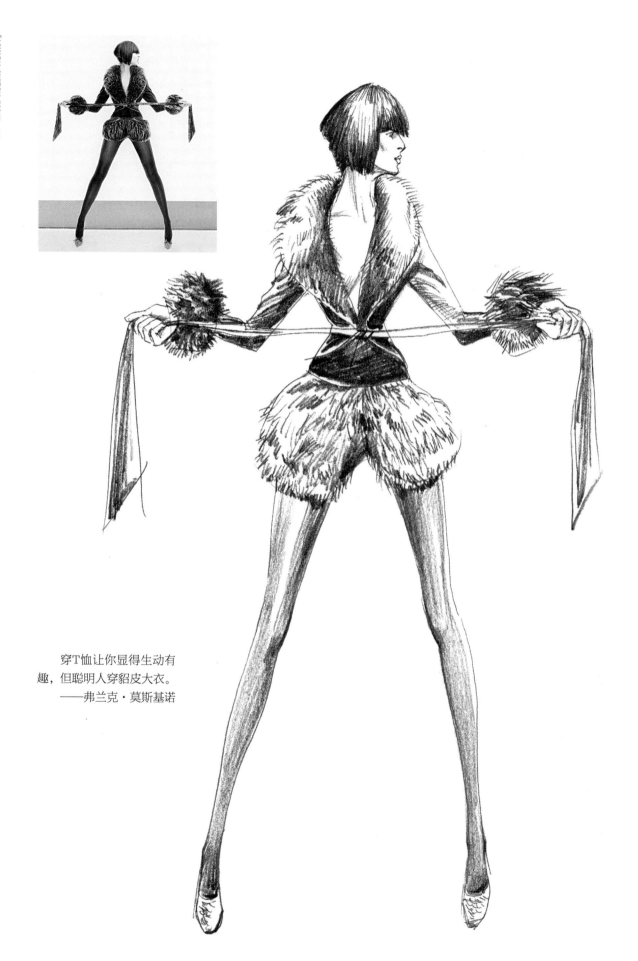

穿T恤让你显得生动有
趣，但聪明人穿貂皮大衣。
——弗兰克·莫斯基诺

西方设计师的灵感大多来源于第三世界或少数民族，也受到这种全球化生产方式的影响。

时装界被新女性主义思潮所笼罩。新一代的设计师大都崇拜女性，热爱女性，这种感情可能源于成长经历或是基因使然，也可能是对某种阴性力量的迷惑或对父系文化世界的突破。总之，时装界迎来女性意识时代，它的表现是，无论男装还是女装，都将不遗余力地突出性感、柔媚、细腻、原始、野性、自由、浪漫、跳跃等风格。

爱，是相当广泛的，包括各种层次的爱，如懂得去爱所有的人与被爱；坚强，面对一切发生的事都要继续走下去；而勇气，则是把自己撑起来，让自己有继续走下去的勇气。世界不是永远美丽、顺畅的，要有力量，坚强地站起来，勇敢面对一切。

——安娜·莫琳娜瑞

Ralph Lauren说过："我设计的不是服装，我设计的是梦想"。

一个女人的衣服要像她的人，是她的一部分，是她个性的一种延伸。

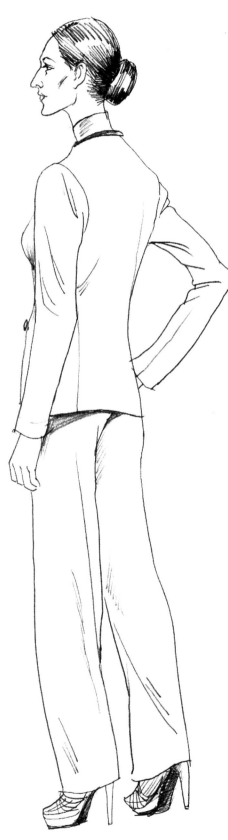

设计不是工作，而是一种生活方式，一个在兴趣、热情、爱好、任务、家庭、合作方面没有界限的世界。
——安东尼奥·马哈斯

真正有气质的淑女，从不炫耀她所拥有的一切，她不告诉人她读过什么书，去过什么地方，有多少件衣服，买过什么珠宝，因为她没有自卑感。

——亦舒《圆舞》

越有女人味的女人越自信。

——可可·香奈儿

评论人说：ladygaga就不是人，她是艺术品。

时尚是功能性的、实际的、感
性的、商业的和美的。
　　　　——克里斯多夫·百利

你可以穿不起香奈儿，你也可以没
有多少衣服供你选择，但永远别忘记一
件最重要的衣服，这件衣服叫自我。
——可可·香奈儿

对一些品牌服装的
宣传，摄影都做得很刻
意、很下功夫，模特的
动态大而夸张，画起来
也可以放开来画。

有时候为了表现一些质感或立
体感，适当加些明暗的处理，这样
会让画面显得丰富一些。

美可以说服一切。
——安妮·莱布维茨

　　最美丽的衣服——如高级时装，都是手工制造出来的；最高贵的轿车——如劳斯莱斯，都是手工制造出来的；最精准的乐器——如瓜耐里小提琴，也都是手工制造出来的。许多人都想象着太空时尚会在新世纪风靡，结果，人手制造虽然不及机器和电脑般整齐划一，却有着机器、电脑所欠缺的灵性和自然美。

线条之优雅首先取决于
其结构的纯洁和精致。
——伊夫·圣罗兰

我认为她参与创造了这样一种
摄影风格——让摄入镜头的一切显
得高于生活本身。
——对安妮·莱布维茨的评价

无论好坏，我都甘愿受自己崇
拜的设计师及艺人的影响。
　　　　　　——马克·雅各布

光线可以使人物变得生动起
来，尽力将光感表达出来，效果
就出来了。

我希望创造一种既可以凸显女人味，
又可以自然顺应女人身体曲线的服装。
——可可·香奈尔

时尚来去匆匆，但风格却永存。
——可可·香奈尔

一个女人，应有两件必需品——优雅与艳丽。
——可可·香奈儿

美是一些能够唤起人的积极联
想，你去接受它，它温暖你并让你
觉得舒服的东西。
　　　——迪恩·卡登&戈丹·卡登

配件在时尚流行中唱主角，正是后现代潮流颠覆主与次、大与小、强与弱等秩序观念、对比观念的结果，带有革命性意念。

好奇心驱使我继续产生梦想，鼓励我尝试
一切可能。也是因此使我走到时装界的前列。
　　　　　　　　　　　　——杰尼·范思哲

这几套服装是范思哲品牌的设
计，又是几个人高马大的模特，每
个造型都很威武，很潇洒，画的时
候尽量将其表现出来。

效果图是整个过程中最重要的环节，同时也非常
非常困难，它是设计师与技术人员相互沟通的方式，
但效果图不是最根本的东西。

——弗兰科斯·吉伯德

06

走　台

线条之优雅
首先取决于
其结构的纯洁和精致

整个世界充斥着荣耀的灯光、名利、地位，但我
并不想获取这些，我只是喜欢服装而已。

——谬西亚·普拉达

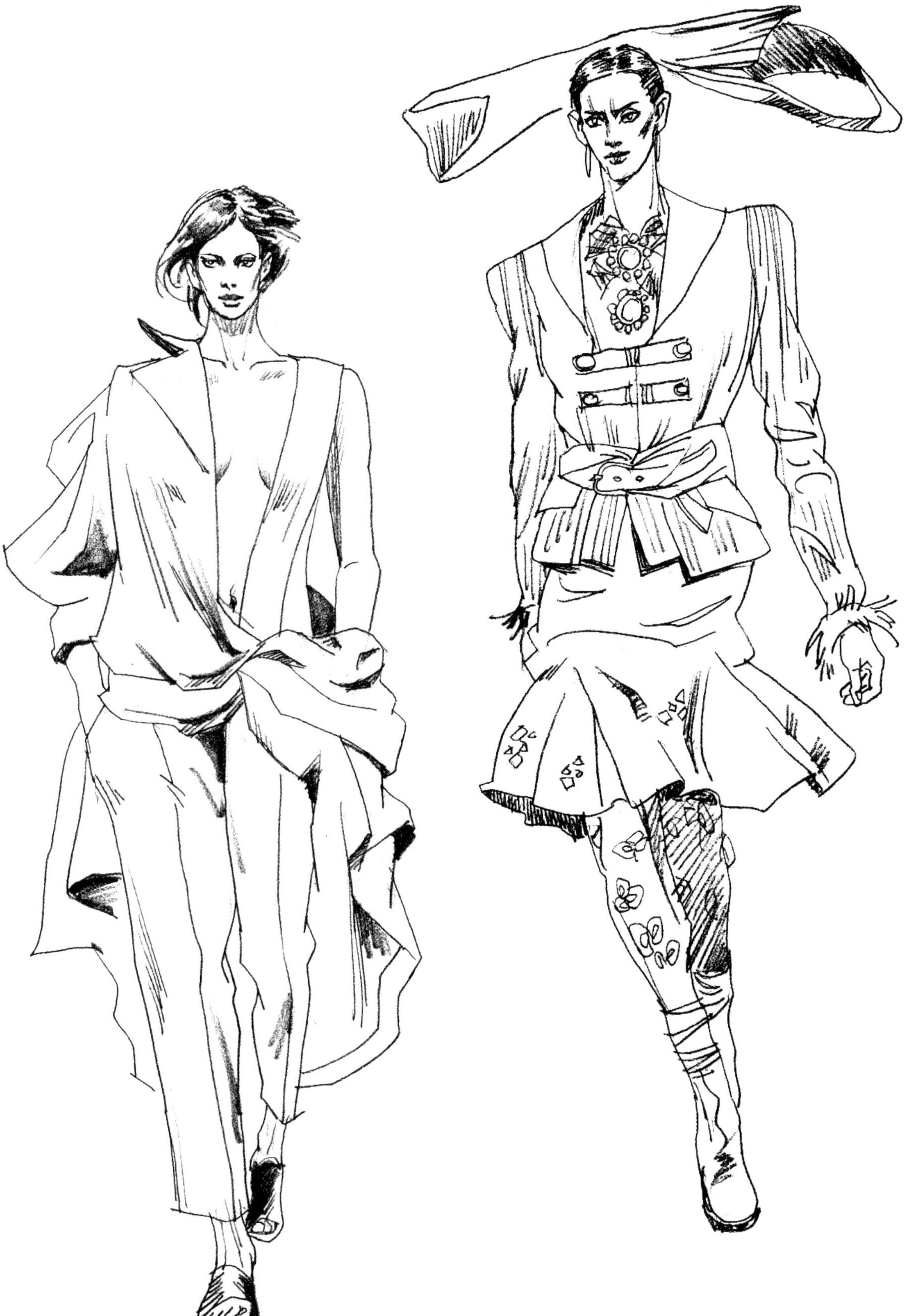

没有人能为时尚下定义，如果你下了
定义，一旦其改变，那定义也就过时了。
——卡尔·拉格菲尔德

潮流走向，是我们共同选择和
相互影响的结果。

——一萍

能够让别人爱上我的风格是我的一种幸运。我自认为，当你看到这些设计，你很难想象在什么地方看到过它。
——克里斯汀·拉克鲁瓦

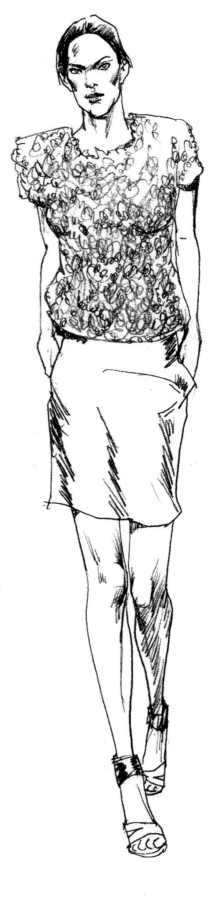

当有人告诉你喜欢你的作品时总是感觉很好，不喜欢时总是令人沮丧。重要的是两种情况下都要保持冷静，过去的已经过去，现在我们要做下一个。
——克里斯多夫·百利

时尚曾经过于性感、奢华、冰冷，是时候将它们淡化了。

——克里斯多夫·百利

　　对我来说，音乐的神圣之处就在于这样的场景——1947年的一个冬夜，利兹贫民区的一间小教堂里灯火通明，人头攒动，凯瑟琳·费里尔的歌声响起，在雪中飘扬起来，肮脏的积雪顿时被圣辉覆盖。

——艾伦·贝内特

我希望能够设计出一款超越时代界限的衣服，在100年的时间里它都可以被展出。你可以在古董店买到它，就如你以前在我的时装店里买一样。
——亚历山大·麦克奎恩

模特在走台时,动态基本上都差不多,上身
画好后,注意胯和腿的关系,前面的腿画实一
点,后面的腿画虚一点,动态就出来了。

美并没有特殊的意义，我所追
求的是纯洁、质朴和智慧。
　　　　　　　　——费雷

线条之优雅首先取决于其结构
的纯洁和精致。
　　　　　　　　——伊夫·圣罗兰

我的服装是为那些优雅而充满斗志的现代女性设计的，她们的美自然天成，无须雕饰。

——芭芭拉·布

模特的打扮有点混搭的造型，复古风和西部风的融合，偏中性的风格反而更突出不媚俗的女人味。像男人似的披着外衣，戴着帽子，帅气咄咄逼人。清爽的露肤造型，尽显女性的柔美与妖媚。

我喜欢差异。不同种族在我眼里是同等的。如果
人们发现自己隶属某个种族，那很好。去理解不同种
族的差异，可以让服装变得有趣。

——伯纳德·威廉汉姆

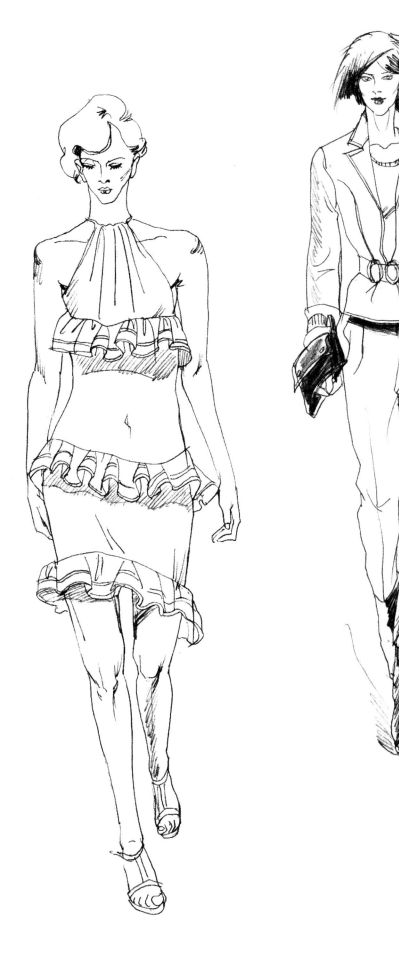

宁愿花时间去修炼不完美的
自己，也不要浪费时间去期待完
美的别人。

我从来不觉得自己成功，每当
我回家后，我就将别人认为的功名
关在门外。这使我保持踏实、以平
常心过日子的心态。

——费雷

模特在走台时，基本光线来自上方，服装的层次
感就表现得很突出，我在画的时候，也抓住这一点，
尽情渲染。这种光影效果画起来很有意思。

时装是一种艺术，成衣是一种产业；时装是一种
文化概念，成衣是一种商业范畴；时装的意义在于刻
画意境和概念，成衣则重在销售利润。

——克里斯汀·拉夸

风格的要素，就是用简单的方
法表达复杂的内涵。
——乔治·阿玛尼

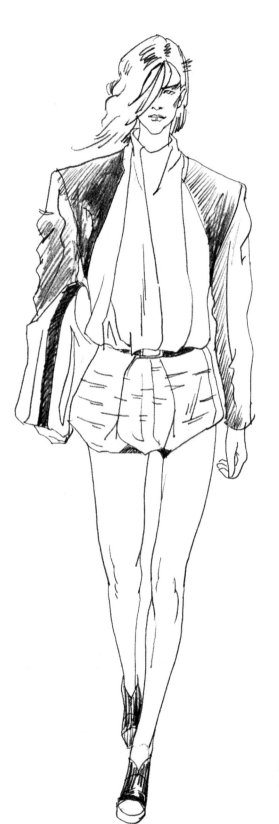

美丽并不总能给人以愉悦，它会引起混乱和不安。它是一个时代和一种艺术的表现，而不是物质上的东西。
——克里斯汀·拉夸

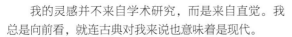

我的灵感并不来自学术研究，而是来自直觉。我
总是向前看，就连古典对我来说也意味着是现代。
                                            ——杰尼·范思哲

我特别喜欢去设计那种
能展示人们个性的服装。
——吉尔·罗斯尔

我们应该享受这样的生活：在自家公寓中，调上
一杯鸡尾酒，准备两份开胃小吃，唱机里放上一段背
景音乐，邀请一位红粉佳人，静静地谈论毕加索、尼
采、爵士乐，还有性。
——《花花公子》发刊词

衣服，就是把身体的比
例显得更美的瞬间的建筑。
——克里斯汀·迪奥

我追求感性和理性的兼
顾。与懒惰、平庸、顺从作斗
争，并在事物中寻求品质。
——克里斯多夫·乐麦尔

时尚的清规戒律已经死了。女人们
已经学会按照自己的意愿打扮自己,她
们不会再受某位设计师的支配。

——乔治·阿玛尼

模特走台时的精神面貌吸引了
我，立刻将其画下来，先把发型和
头部的大型画好，将五官摆上，之
后把服装画上，关键是身体比例要
准确，动态要生动。

模特身上的装饰稍微花点时间，把意思表达出来。

画下半身时，注意腰与胯的关系，画腿时又要把握
大腿与小腿的关系，前面的腿画实，后面的腿画虚。

一个成熟的人往往发觉可以责怪
的人越来越少，人人都有他的难处。
——《我们不是天使》

当我需要一种新风尚时，我不是简单的
用柔和情调来代替什么，而是在这个快速、
冷漠、变幻的社会中营造一种特别的浪漫主
义和爱的感觉。
——赫尔缪·朗

服装归根结底是为了使人
们穿上后看起来和感觉上很舒
适，这就是时尚的目的。
　　　　　　——赫尔缪·朗

我不喜欢时髦的衣服，我只喜欢
那些看上去永远不会过时的衣服。
——拉夫·劳伦

生命中，有些人即使不在身边，只
要想起来也能让你微笑，这样真好。

真正的美是来自对传统的尊
重，以及对古典主义的仰慕。
　　　——休伯特·德·纪梵希

我的灵感来源于天地万物。
只有一点：睁开你的眼睛！
　　　　——卡尔·拉格菲尔德

　　英国服装带来相当多的美观性和前卫性，对世界的影响是显而易见的。英国文化对于我设计的影响是潜意识的，那种融入我设计的应该是通常可以在英国见到的自由表达真实和诚挚的缩影。

——侯赛因·卡拉扬

我对于时尚的理解是让人们以更加
自我的方式去追寻生活的真谛，而不仅
仅是简单地将Logo贴于你的身后。

——克里斯汀·拉夸

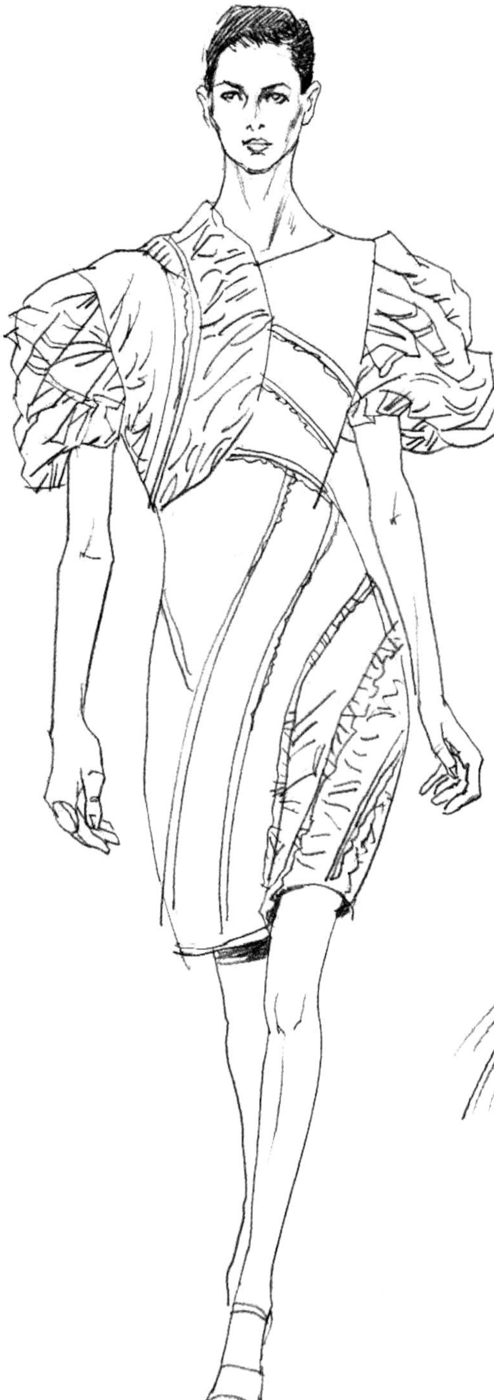

服装设计的语言，不是漂亮诱
人的形容词，而是简单明了的行
动，比如，连接、折叠、打褶、伸
展、包裹、卷曲、压印等。

——三宅一生

时尚易逝，风格永存。
——伊夫·圣罗兰

我试图创造出既不是东方风格
又不是西方风格的服装。我的设计
只是一半的路径，另一半由服装的
穿着者来完成。
——三宅一生

现阶段对我来说最激动人心的事莫
过于如何创新——既要保持风格又要寻
求变革。我绝不会让那些过去支持我的
人失望，另一方面，我也要让那些可能
厌倦我作品的人感到新奇和惊喜。
　　　　　　　　　　——克里斯汀·拉夸

香水是女性个性不可或缺的补充，是服装的最后一步，就像画家在绘画作品上的签名。
——克里斯汀·迪奥

知性与野性的结
合能达到某种平衡。

时尚就像是一个大舞台，我
始终想在上面表演一番，但我要
与众不同，要游离在既定的体系
之外，为的是避免千篇一律。
——汤姆·福特

有两种生活方式：你可以认为世界上
没有奇迹，也可以认为世界上充满奇迹。
——阿尔伯特·爱因斯坦

每个人，如果足够诚实的话，都想做
一个性感的人。他们希望自己很有吸引
力。不然活得多悲惨。真正有意义的生活
是被别人吸引和吸引别人。
——休·赫夫纳

有创造力的人就应当在人群中
与众不同——这是他们的责任。
——薇薇安·韦斯特伍德

请不要说旅行，请说行走，文
艺青年说。

他们还说，我的身体和灵魂，
总有一个在路上。

通过我的服装，我在表达一种自由的精神。而这种精神，以服装来说就是简单、愉悦和轻巧。

——高田贤三

我不喜欢拘谨的服装，也不喜欢过于正统的服装。我希望使用棉布、
纯毛或丝绸的面料，来缝制穿着舒适、充满幸福感的服装。

——高田贤三

服装是世界的镜像，也
是我们每个人的投影。

其实我小时候还真的做过这些事，突然间感到无
聊的时候，会突然跑到国外去住几天，不过我去的是
纽约，不是伦敦，不过我没有喂鸽子哟。

——梁朝伟

07
向大师致敬

时尚，
就是朝生暮死。

我的工作很简单也很前
卫。我只是尝试着以完全不同
的方式去完成同样的事情。
——薇薇安·韦斯特伍德

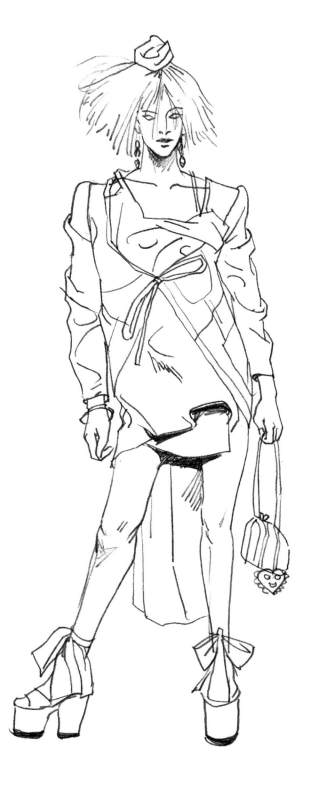

薇薇安的设计就是非常视觉化，夸张、耀
眼、混搭，而这混搭竟是英国贵族同街头流浪
汉的一种组合。看了让人想入非非又欲罢不
能。画的时候可以信马由缰，尽情挥洒。画完
有种酣畅淋漓、意犹未尽的感觉。

在年轻人攻击统治者，抵抗传统和历史文化的时代，古怪服装有其存在的价值。
——薇薇安·韦斯特伍德

这几张是英国设计师薇薇安·韦斯特伍德的作品，她从摇滚、流浪汉获得灵感，有些甚至是信手拈来。任性、不屈服、不妥协是她的性格。她的作品模特穿上会变得桀骜不驯并带有挑衅性。

乞丐并不会嫉妒百万富翁，但
是他肯定会嫉妒收入高的乞丐。

——伯特兰·罗素

爱斯基摩人说：只有跑在最前
面的狗，才能看到一路的风景。在
别人屁股后面跟风的人，总是缺少
无限风光。

物不在大，而在于有意；品不
在价，而在于有趣。

　　亚历山大·麦克奎恩一直是伦敦的骄傲，是伦敦时装界的灵魂和支柱。他的作品总带有宗教的神秘色彩，或是极具贵族味道。让你看了叹为观止。值得一提的是，抛开炫目的表演形式，看他的作品本身，完美的款型结构，精妙的细节处理，富有层次的色彩搭配，这些都是成就他荣誉的基础。

我设计隐藏在人们头脑深处的东西。战争、宗教、性爱，这些我们经常想起却不敢表达，但是我会迫使人们去正视它。
——亚历山大·麦克奎恩

我的理解是：在时尚中，你必须做到你的作品容易被人理解，并且容易被辨认。多在这些方面做些文章。

这是麦克奎恩的设计，他的风格是宗教与神秘，这几件作品突出的是豪华，模特穿上很精神，像古代的士兵。看着欲罢不能，特别是那腿太好看了。试着将她们画了下来。但是限于铅笔的局限，表现上大打折扣。为了丰富画面，画些面料上的花纹，作为灰面。

我的价值观在于创造新的
服装，我不愿总干与以前一样
的事情。我总想创造与以前不
一样的新东西。

——川久保玲

设计师川久保玲的设计总有些哲学的意味。有一场白色贯穿始终的时装秀，川久保玲称它
为"White Drama"。她的丈夫则补充说："它们代表的是生命中那些让你欢喜和悲伤的事
物。"新生的纯净，婚礼的圣洁，死亡的静谧，这一切都可以用白色来作为代表。

时尚，就是朝生暮死。
——川久保玲

古典而又华丽的盛装礼服。系带紧
身胸衣与多层悬褶的宽大下摆，模特演
绎出压倒一切的高贵。我也用笔将这一
瞬间记录下来。集中精力画好头部和肩
部的扭动，接着非常细心地画下裙褶的
来龙去脉。

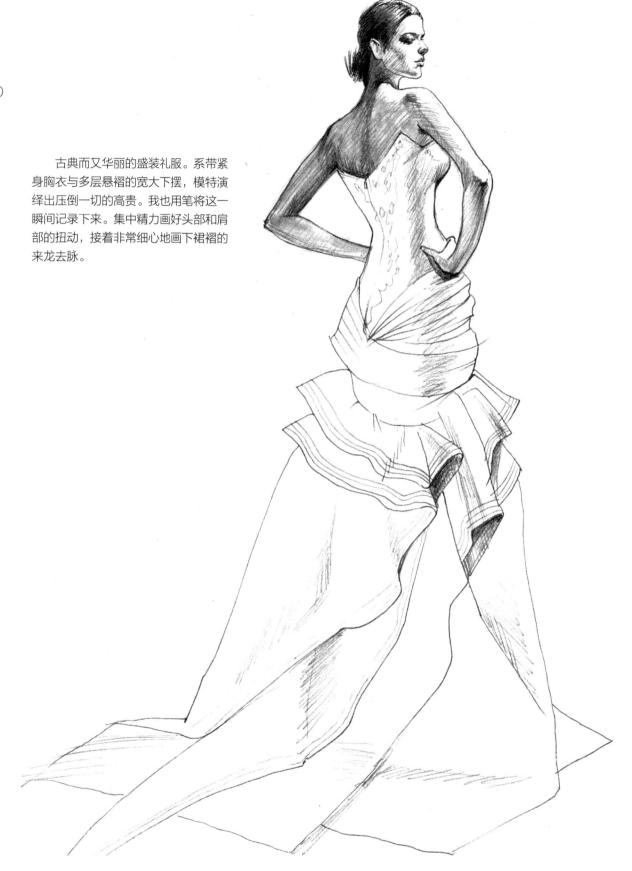

不追求过剩、奢侈，让人意识到物品的使用，恰到好处最为重要，比起大量地拥有，最小限度反而是优美、舒适的。

——原研哉

古典，是一个充满动感的词汇，它包含着和谐、高雅、典范、完美等多层意思。并带有均匀、节制、淳朴以及返璞归真的原始冲动。

有些人否定我的设计，同时也
有人对我的设计欣赏不已，这只是
观点和看问题角度的不同。
　　　　　——约翰·加利亚诺

这套设计来自约翰·加利亚诺。由于喜欢他的风格，什么都没想就铺
上纸画了起来。谁知画得还挺满意，但也着实费了劲了。头发我用了纸擦
笔。皱褶用较粗的笔画，外轮廓用自动笔的中锋勾勒，也算一气呵成。

现代的时装舞台，女性衣饰以其大胆奔放为表现形式，显示出女人主宰自身，尤其是主宰自己的身体。在时装创作中，女性性征被大胆裸露，却不是单纯的性感和色情诱惑，而是对女性的赞美和造物主神奇力量的膜拜，是一种对自然的炫耀。

这套作品模特带有强烈的脂粉味儿和柔媚感，华丽的银色蕾丝，人体的若隐若现，尽显晚装的成熟格调。画的时候，把握住人体动态的准确后，适当加一些图案和装饰，大效果就出来了。

优雅不在服装上，而在神情中。
　　　　　　——伊夫·圣罗兰

约翰·加利亚诺的设计总带有一种颓废的贵族味道，又有一种后现代的感觉。头饰胸饰等奇多，而这正好构成了画面中的图案，也成为一种灰调子。很入画，很过瘾。

配饰并不是永远只能当"配角"！当最简单最平淡无奇的衣服不能胜任"主角"时，就要靠配饰来撑场面了。它能帮你化腐朽为神奇，获得与众不同的特色风范。

在我看来，女人身体本身便是最美丽的服装，除此之外能够与之相匹配的便是她们深爱的情人的臂膊。如果她们当中有些人没有机会得到这份幸福，让她们来找我吧。

——伊夫·圣罗兰

亚历山大·麦克奎恩的名声历来毁誉参半，但他的才华有目共睹，他的作品给人无限遐想。我也有画的冲动，但总觉得没把那种桀骜不驯、放浪不羁的感觉画出来。

像品尝一杯美酒一样去享受时尚。

——约翰·加利亚诺

　　画这几个模特速写时，发现她们的动态与表情很有特点。大师们对模特的选择与要求独具一格，在化妆上更是绞尽脑汁。所以他们的模特很入画。

我不认为风衣本身性感，但若
是风衣里面什么都没穿，你觉得怎
么样？那才叫性感。

——汤姆·福特

高级时装已经奢华到了极致，但约
翰·加利亚诺，亚历山大·麦克奎恩的设
计让人不得不俯首称臣。

这个造型十分夸张，且又性感
狂野。我很快用速写线条画了下
来。虽然是走秀，几乎是一丝不
挂。通过表情与神态可以看出专业
模特的自信和敬业。

人体本身并不重要，重要的
是服装通过人体产生外延美。

——山本耀司

这个也是麦克奎恩的设计。他在头饰的设计上无所顾忌，一只鹿角或是一只鹰都可以放在头上。这次是将鸟的羽毛十分别致地顶在头上。既独具创意又精神。

这是一件带有古代及宗教色彩的设计。发型简化，服装画出大型，局部花边稍微刻画一下即可。

女人是自由的，不能强制她们穿什么。
——伊夫·圣罗兰

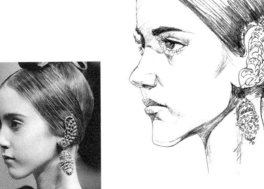

画什么都是兴趣所致，能抓住
眼球的必有其特点或感人之处，你
如果没看上，没有画的欲望，干脆
就不画。这是我的态度。

这种装饰特点突出的服装很好画，
也很好玩，只要你把这种特点画出来就
行。画完有一种很爽的感觉。

这些礼服是如此具有层次感，制作时肯定费工费料，画的时候也不省事。静下心一点一点画。还是那句话，把握好整体，局部用心就行。

今日的时髦，就是在任何情况下都要做自
己，按照自己的思想前行，就如自己的穿衣。
——约翰·加利亚诺

太阳底下没有新东西，新东西是旧东西的重新组合。所谓创造，就是新陈代谢，就是重新组合。

——弗朗西斯·培根

我画笑脸是因为我对人类的生活感到痛苦，我发现了一种用滑稽的手法来表达现实的方式。

——岳敏君

这两张是约翰·加利亚诺的作品。他的设计特点是造型夸张怪诞，混搭多元的色彩与装饰，具有浪漫野性之美。在表现时注意线条的繁简以及黑白灰的关系。

08

模特、性感

时装作为社会化与自我表现的媒介，
性感才是它最基本的动力

简单地说，人手制造的每一个物件都会存在差异，它凝聚了制造过程中工人的心思和情感，永远不再可能重复出现，永远都无法精确地复制，这就是手工的力量。

SHIHO

在今天人们的眼里和心里，手工之美无比亲切，回归手工时代的潮流决不是昙花一现，它表达了人们内心中对历史价值和自身价值的重新考虑。

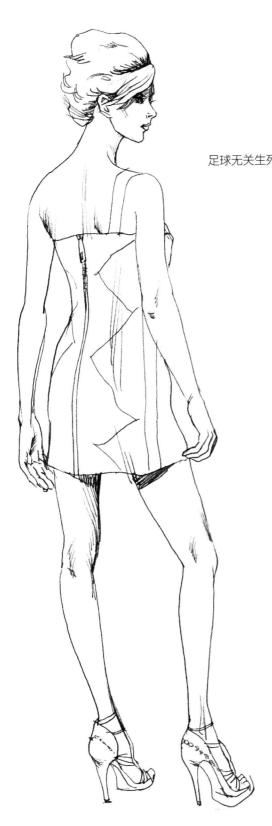

足球无关生死，但足球高于生死。

不要为穿得不够时髦、不够风雅而自卑，也不用紧张偶尔的不得体。这个世界没有永恒的和谐与完美，所以我们不可能总是恰到好处。

——萍

Alexander McQueen

　　我是一个现实的设计师，我喜欢真正传统、经典、有历史感的设计与流行的混合体。我喜欢时尚，因为它转瞬即逝。但是我更喜欢把时尚和经过思索的东西结合起来。

——克里斯多夫·百利

　　美色对于女人是一种资本，算
是爹妈或上苍赐给的。从古到今，
女人长得漂亮就生存容易，但也是
非多多。沉鱼落雁闭月羞花，四大
美女都活得挺累，盛名之下，其实
难副。可生活中美女就比丑女风
光，今天满眼消费的都是美女，媒
体也靠美女支撑着半壁江山。
　　　　　　　　　　——马未都

模特喝酒的
感觉很有意思。

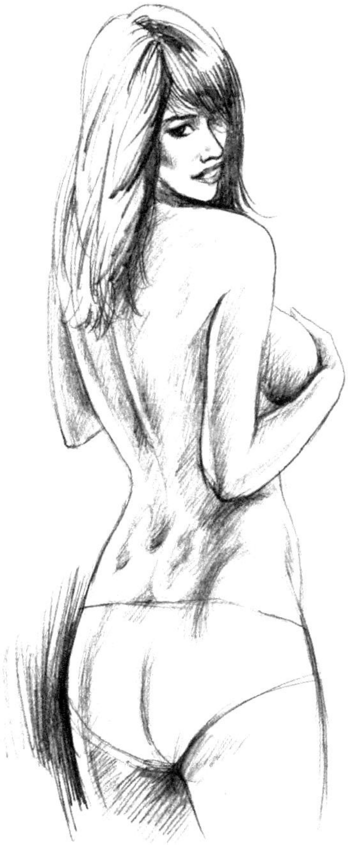

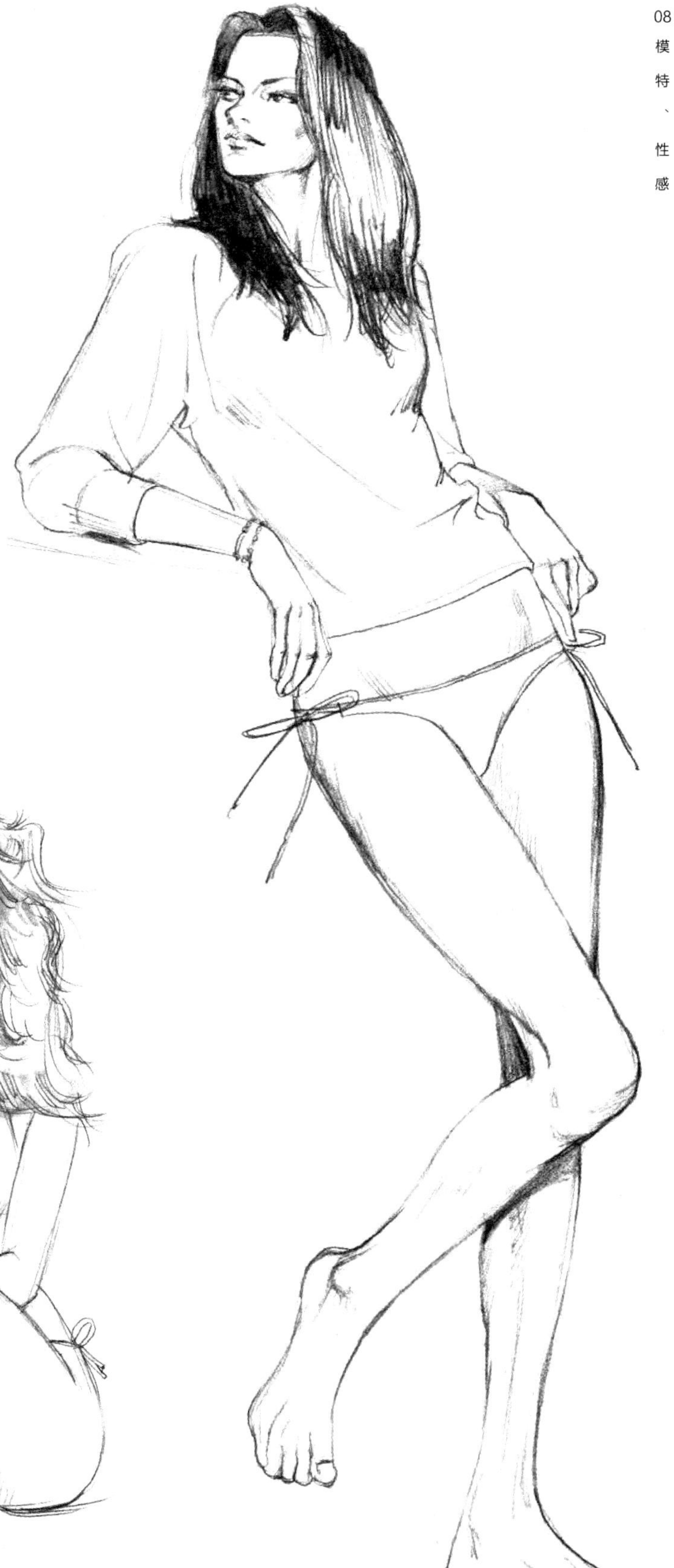

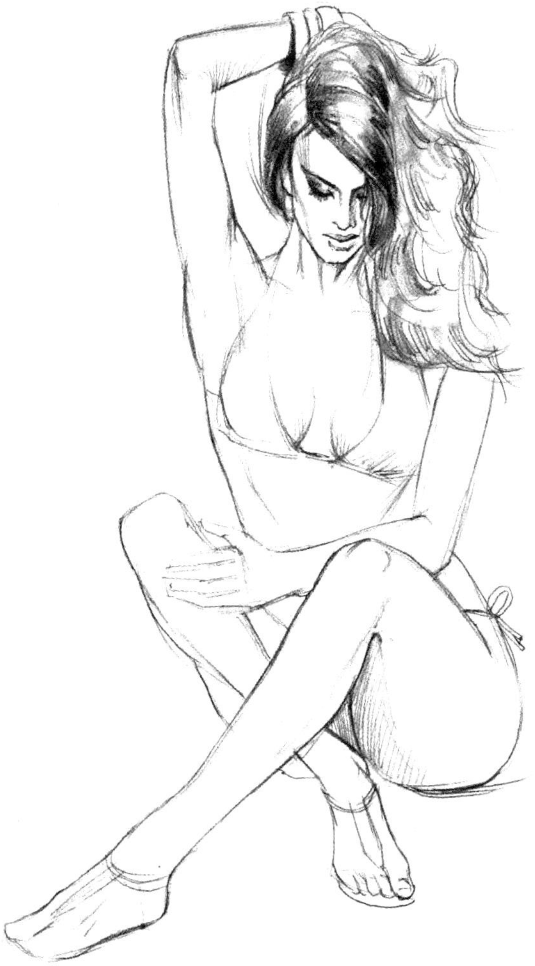

人们日常所犯的最大错误，
是对陌生人太客气，而对亲密的
人太苛刻，把这个坏习惯改了，
就天下太平了。

——亦舒

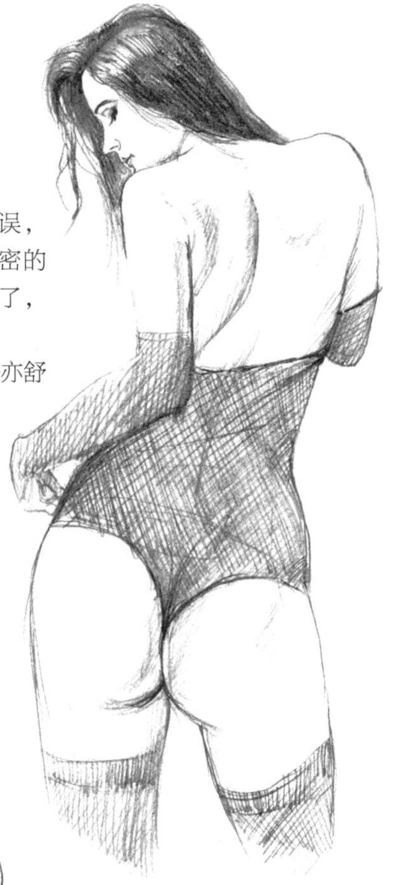

这是一张户外摄影，拍得很浪漫。光感很强。我力求将模特的劲儿画出来。或是说那种感觉画出来。上身画得紧一点，下面画得松一点，动态适当夸张，比例也适当夸张。

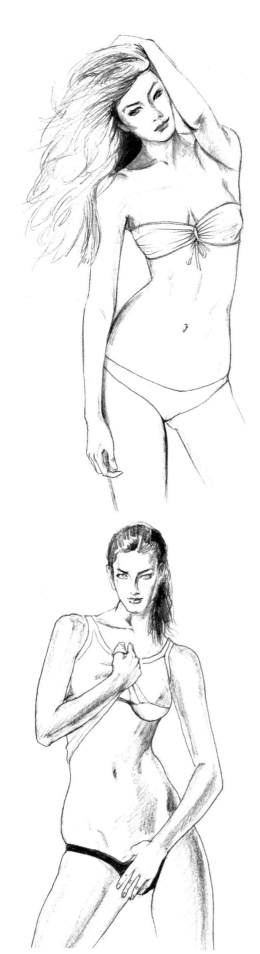

秀场不仅仅是设计师和时装的舞台，也是到场嘉宾和观众争奇斗艳的地方，当红的名流明星自不必说，全球最时髦的人士几乎都集中在了巴黎、米兰、纽约、东京四大城市。

时装作为社会化与自我表现的
媒介，性感才是它最基本的动力。

——杰尼·范思哲

我设计的每一件作品都包含有性的意
味。说老实话，那些开衩不能再深了，那些
皮鞋不能再尖了。

——汤姆·福特

下图是美国《体育画报》拍摄的比基尼女
郎，她们迎着阳光，摆出伸展的标准姿态，又带
些慵懒的感觉，总之是很美。把形找好后，再将
结构画准，围绕着交界线画，掌握好虚实。画的
时候有种很流畅、很舒畅的感觉。

我试图将运动与时装结合起
来，最终所呈现的效果，便是一部
分身体是裸露的。
　　　　　　——安·德姆斯泰尔

有些摆拍的模特动态非常夸张，且具备专业的摄影技巧，让人看了很有画的欲望。我就力争将其画下来。这时速写的关键就是要抓住人体的结构。

我要让全世界的女人在穿上范思哲衣服的同时，也穿出她们的性感与魅力。

——杰尼·范思哲

可能是摄影角度的问题，模特的腿显得很长，我在画的时候又进一步夸张，以凸显其修长之美。

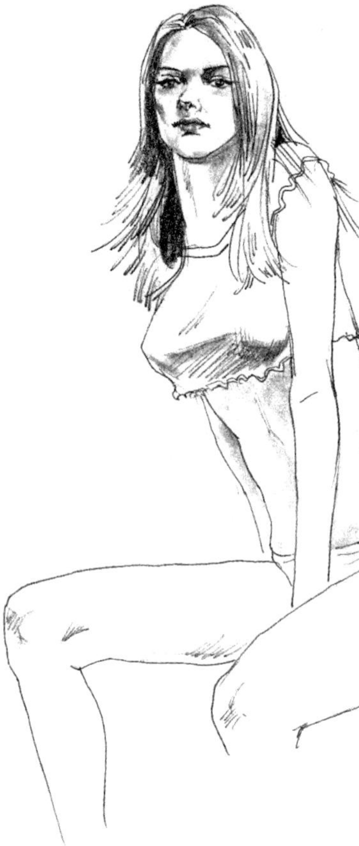

享受你做的一切，快乐比什么都重要。
——克里斯多夫·百利

不解释的，才叫从容；不执著的，才叫看破；不完美的，才叫人生。用心甘情愿的态度，过随遇而安的生活。你在，世界就在。

模特穿衣服穿成这样，加上表情，这就是性感的力量，谁都无法抗拒，又都无法回避。但真要把这种感觉画出来还真不是那么容易。

我的工作真的是对女性形体的
称颂。我喜欢一目了然的性感。
——安东尼奥·伯哈蒂

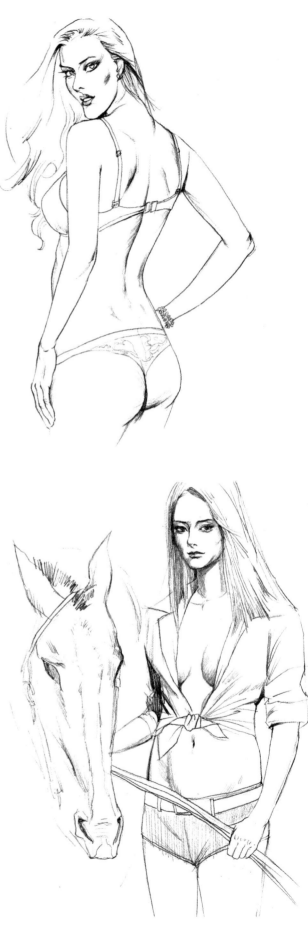

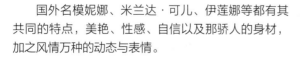

国外名模妮娜、米兰达·可儿、伊莲娜等都有其
共同的特点，美艳、性感、自信以及那骄人的身材，
加之风情万种的动态与表情。

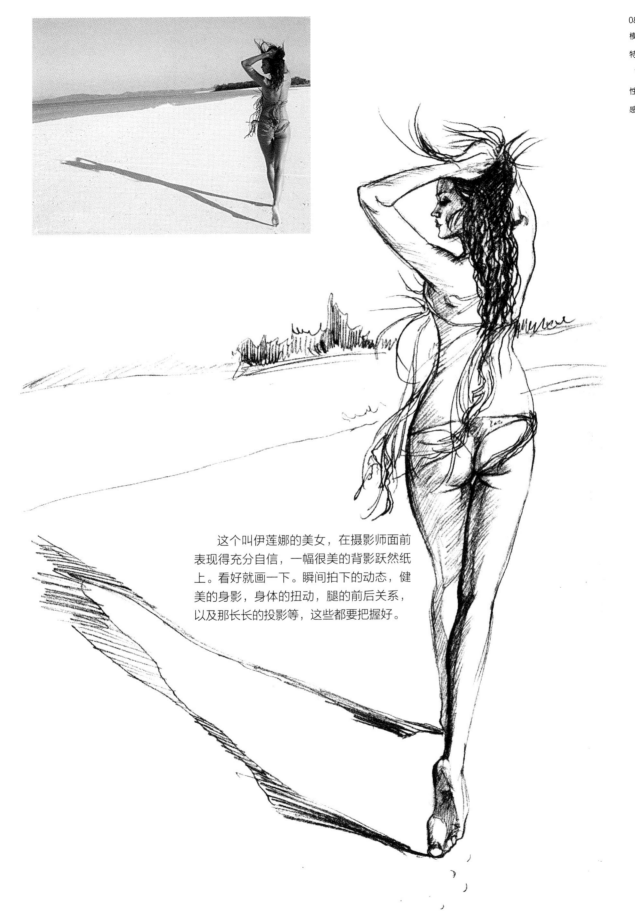

这个叫伊莲娜的美女，在摄影师面前
表现得充分自信，一幅很美的背影跃然纸
上。看好就画一下。瞬间拍下的动态，健
美的身影，身体的扭动，腿的前后关系，
以及那长长的投影等，这些都要把握好。

我们的设计过程就像一场电
影，我们是根据剧情来设计服装。
——多尔切和加巴那

比美丽更好的是青春，比时尚
更好的是健康。

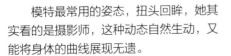

模特最常用的姿态，扭头回眸，她其
实看的是摄影师，这种动态自然生动，又
能将身体的曲线展现无遗。

这个模特形象姣好，身材婀娜，动态生动优美，见好就画。画的时候先把头部画好，接着画身体，关键是抓住身体的扭动，腰部与胯骨的关系。画牛仔裤时尽量要画出褶皱及质感来。

我认为性感的含义绝不仅仅指色情。时代变了，性感的内涵也变了。80年代的时候，性感是暴露、透明，是花哨的色彩、繁杂的装饰。但是今天一条剪裁合身的长裤或是长裙，如果能勾勒出女性的风情万种，我认为就是性感。

——多娜泰拉·范思哲

女孩从小在学校参加体育项目，就会明白激烈竞争的感觉，体育竞技带给她们的自信比美丽的外表要有力得多。

　　这个模特表情神态看着很美，一举手一投足都那么
优雅自信。身材自不必说，摆的姿势自然舒展。画时着
重刻画脸部，力求画得像一些。头发的轮廓画出来后，
上些明暗。身体部分简化，比例适当即可。

35岁开始学习丢勒的素描，画了一批人体。诚恳而缜密，舍弃虚实变化，不求画面效果，不放过任何细节。所有的形体关系都画得清晰透彻。包括头发的特征都不含糊。我用2B自动铅笔，努力地向丢勒铜版画的效果靠近。

——于小东

看到模特时，总有打动你的地方，画的时候努力去表现，静下心去看，静下心去画。

阳光、海浪、沙滩、美女构成
一幅美丽的风景画。光影又塑造着
比基尼女郎那健美的身材。见到这
种画面总是想画上一张。

他们不掩饰对名牌衣饰、佳肴珍馐等舒适生活的喜爱，而另一方面，他们对冒险挑战、禅修静坐、深层文化的兴趣，却也丝毫不亚于对高品质生活的眷恋。

09

异域风情

不同种族文化

是伟大灵感之源

"波波族"就像雅皮与嬉皮的
综合体，她们是一群兼顾物质与精
神，追求实际与浪漫的族群。

这是典型的吉卜赛风格。看到这组服
装时，我一下子被打动了，不由自主地画
了起来，吉卜赛人的浪漫与不羁深深地感
染了我，画得还算顺手。但要注意对大的
造型以及细节的处理和控制。

右图这件作品服装质地是绒的材料，我用4B铅笔平涂，以体现其质感。

这是香奈儿品牌推出的高级时装，如窗帘般的长裙穿在长裤之外，头巾、制服来自印度传统服饰的灵感，既有宗教色彩又具有浓郁的印度风格。东西方文明的碰撞交会，使这些观念不断转换成时装风格。

不同种族文化是伟大灵感之源。

——约翰·加利亚诺

这两套是西班牙风格的时装。提起西班牙马上让
人联想起浪漫、热辣、征服，以及斗牛士等些令人热
血沸腾的场面。她们的装束很有特点，画起来很容易
出效果。注意不要忽略服装上的图案与装饰。

他们在生活中总是自由地转换不
同的角色，追求丰富多彩的人生。

我始终努力保持风格的统一和延
续，并在吸取各方面灵感的过程中进行
深入和发展。这一切与我对时装的热
爱、艺术品位及从业经验密不可分。

——詹弗兰科·费雷

吉卜赛风格是一种每个人都可以自由表达的生活方式。
——克里斯汀·拉克鲁瓦

有点吉卜赛女郎的味道，披肩长发，大步走来，英姿飒爽，银色蕾丝上的装饰，平添了几分优雅与妩媚。

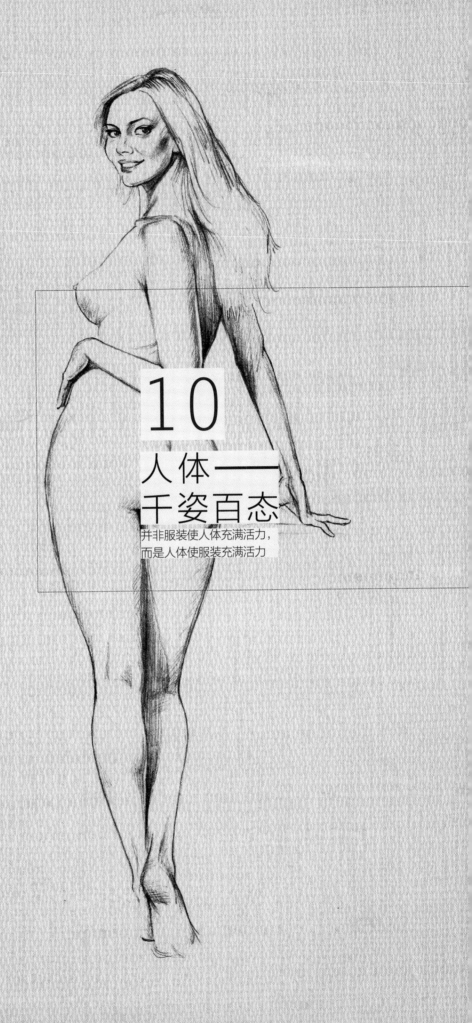

10

人体——
千姿百态

并非服装使人体充满活力，
而是人体使服装充满活力

女人照镜子时的表情与形态很生动。

女性身体本身是最美的曲线。
　　　　——阿泽蒂纳·阿莱亚

　　它具有性本身的反复无常、毫无规律和
富于创造力等特征。约翰·加利亚诺的理念
是，女性应该彻底忘掉她们的性别，充分表
达她们的欲望和情欲，自由人性地生活。

我对一切充满好奇心。对艺术、对
名著、也对人、对性。总之，对我身边
的一切，更对我所不知的一切。

——杰尼·范思哲

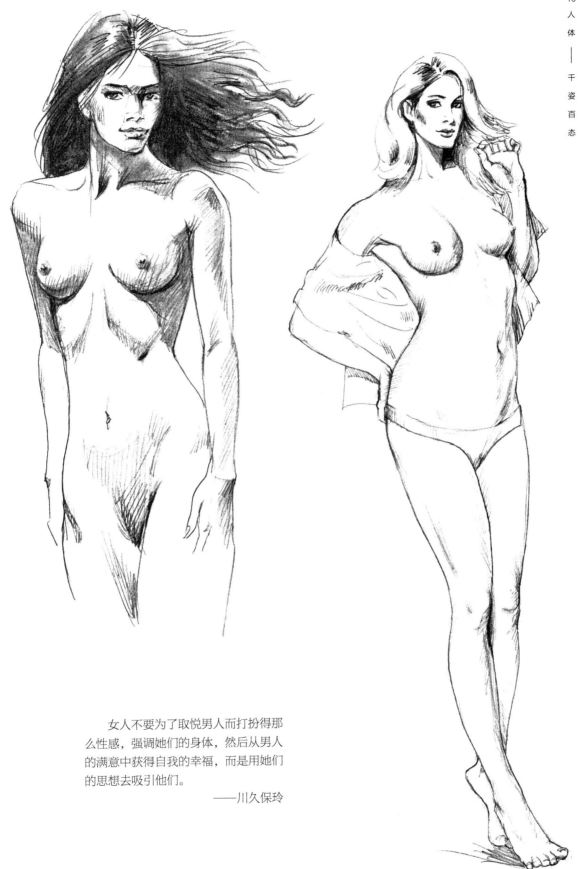

女人不要为了取悦男人而打扮得那
么性感，强调她们的身体，然后从男人
的满意中获得自我的幸福，而是用她们
的思想去吸引他们。

——川久保玲

我喜欢女性身体的曲线，它是
区别女人和男人的根本所在。
——安东尼奥·伯哈蒂

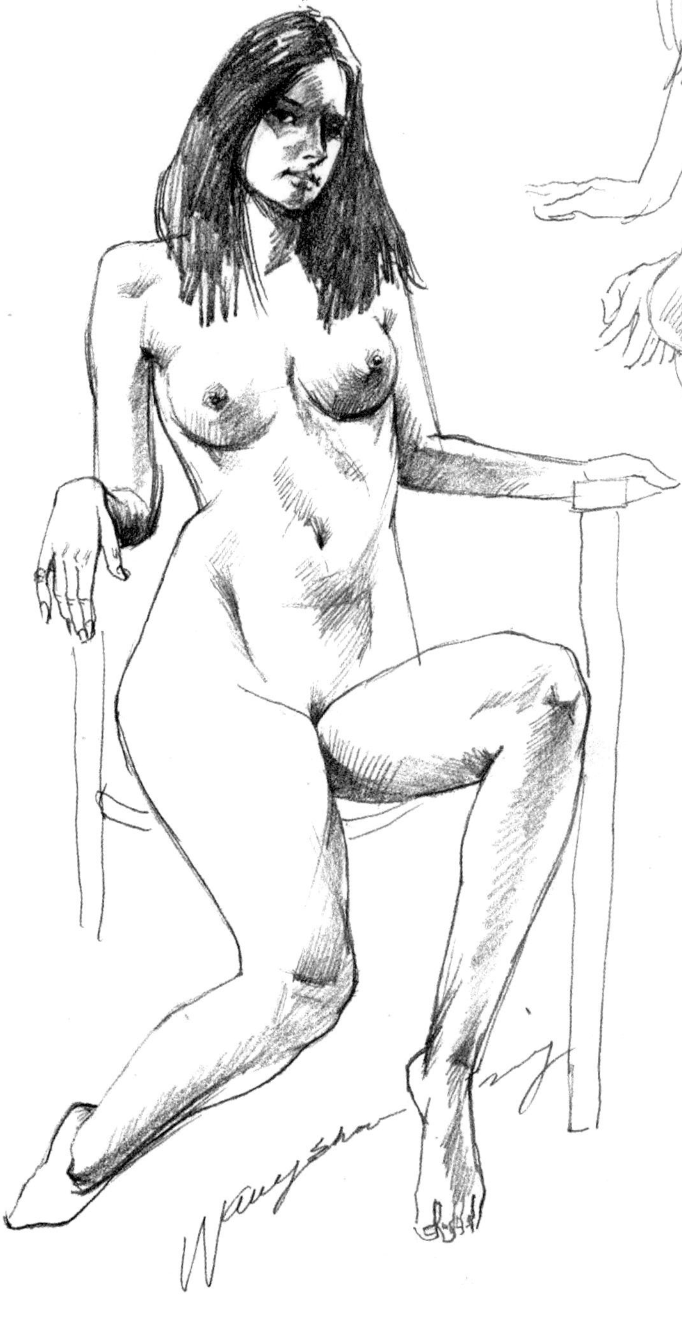

这张图片太美了。海边，
早晨的阳光洒在她身上，美女
笑着，赤着身，牵着马向我们
缓缓走来。我试着把她画了下
来。那匹马本来是个道具，现
在成了她的背景，将她衬托得
格外娇小可人。

我以一种良好的心态，唯美的
追求去街上捕捉灵感。
　　　——亚历山大·麦克奎恩

我希望服装就像一张白纸，自
由中带有哲思的气质。
　　　——吉尔·罗斯尔

我只为热爱生活、热爱自然、懂
得爱的人设计，并且希望他们的个性
通过我的时装能更强烈地表现出来。

——罗伯特·卡瓦利

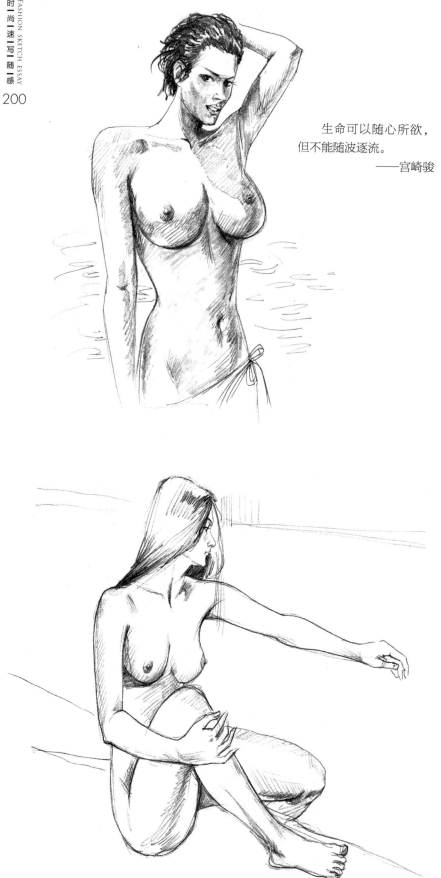

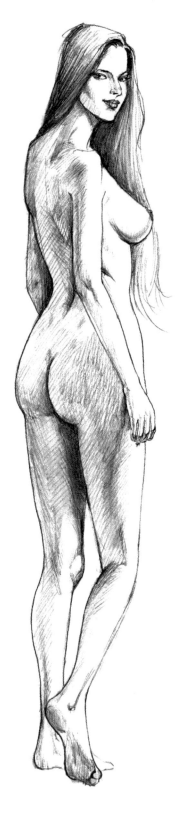

生命可以随心所欲，
但不能随波逐流。
——宫崎骏

我试着寻找新的优雅，它并不
容易，因为人们总希望得到震撼。
——乔治·阿玛尼

这也是一张户外海边的人体摄影。拍出来的那种光感以及颜色效果特别好。可惜铅笔无法将其表现出来。在此深感单色的局限，只好画成这样了。

我喜欢独处、安静、思考。
——杰尼·范思哲

我身体就是用来被看的，而不是被遮掩的。
——玛丽莲·梦露

我喜欢这个模特，身材丰
满，动态舒展，肌肉富有膨胀
感，是一种健与美的结合。

想了解时尚潮流吗？台上台下各有风景。这里也会出现动物保护主义者和环保人士，他们冲上表演台大喊口号的勇气着实令人敬佩。尽管他们势单力薄，可也让许多时尚人士开始重视唯美与人道、时装与环保的关系，思考时装界如何着眼于人类的长远利益。

只有一个人在旅行时，才能听得到自己的声音，它会告诉你，这世界远比想象中的宽阔。

——宫崎骏

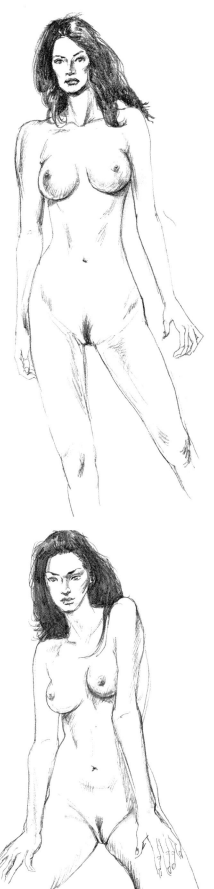

裸体是人类最自然的状
态，我喜欢生命喜欢美好。
　　　　　　——歌德

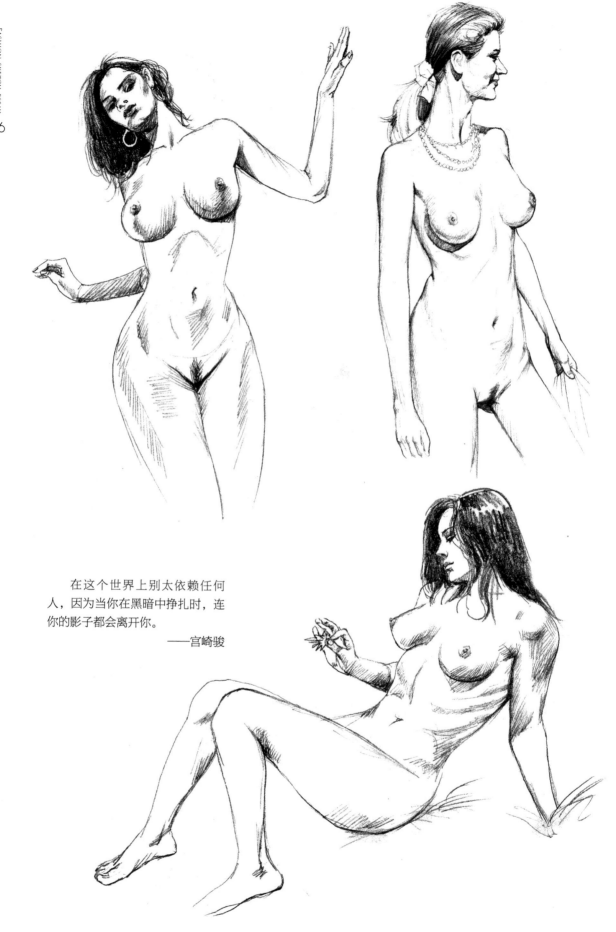

在这个世界上别太依赖任何
人，因为当你在黑暗中挣扎时，连
你的影子都会离开你。

——宫崎骏

自己过得不快乐，好
过与他人在一起不快乐。

这张画儿完全用速写线条画的，当时看着挺好，可画起来发现有些复杂，不宜细画，况且还有匹马，索性就轻描淡写地画画，不敢深入下去了。

这张模特在中午的阳光下，光影效果非常
强烈。画的时候有点印象派画法，先把轮廓画
出来，再将阴影部分勾勒出来，涂阴影部分
时，全都来一遍线条，之后，重的地方就加
深，笔在纸上一点点打磨，挺有意思。

我自私，缺乏耐心，没有安全感，
我经常犯错，甚至野性难驯，但如果你
不能包容我最差的一面，那么你也不配
拥有我最好的一面。

——玛丽莲·梦露

认识自己的无知是认识世界最可靠的方法。

我是一个不会上课的人，我本人就很讨厌上课。我不是讲什么艺术史，绘画入门。就是希望大家和我一起"看"。我出去转一大圈，才发现重要的不是画画，而是你怎么"看"。

——陈丹青

创造性伴随人性而来，作为人
的存在，你就能感受它，经历它。
　　　　　　——玛丽莲·梦露

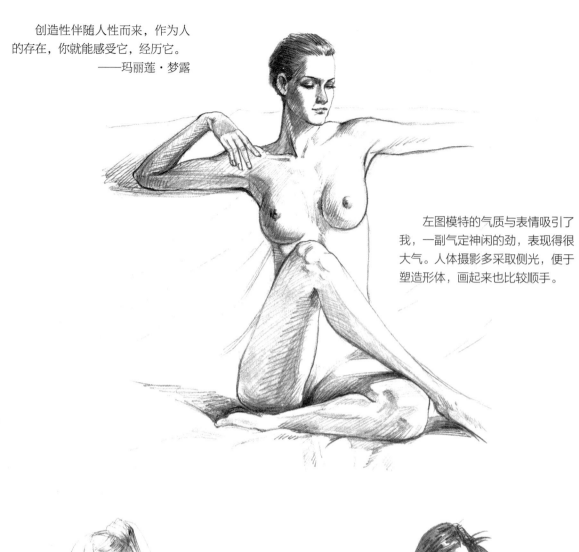

左图模特的气质与表情吸引了
我，一副气定神闲的劲，表现得很
大气。人体摄影多采取侧光，便于
塑造形体，画起来也比较顺手。

并非服装使人体充满活力，而是人体使服装充满活力。

——三宅一生

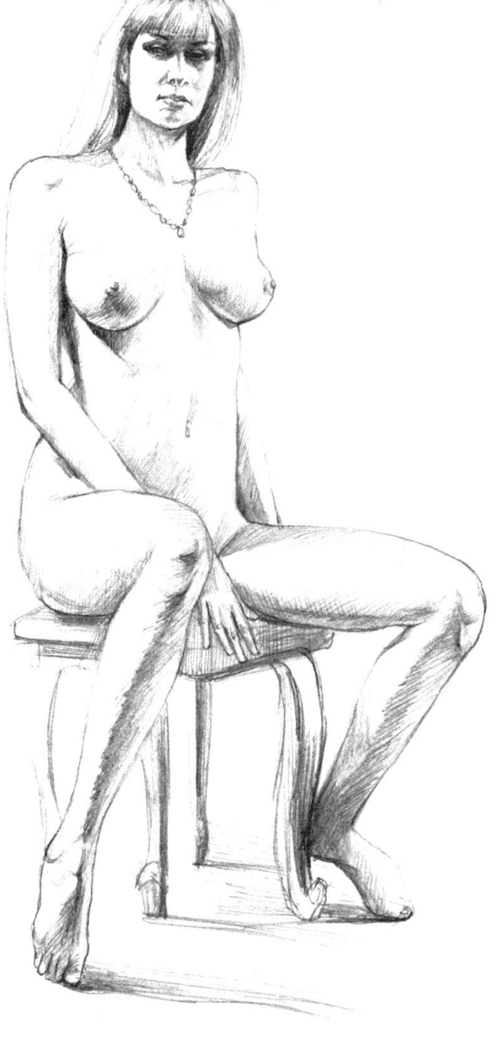

下图这个模特，动态中有种张
力，头微微低下，手臂撑地，身体
自然扭动，把握住这几点，顺势画
下，再涂上明暗，把光感画出来。

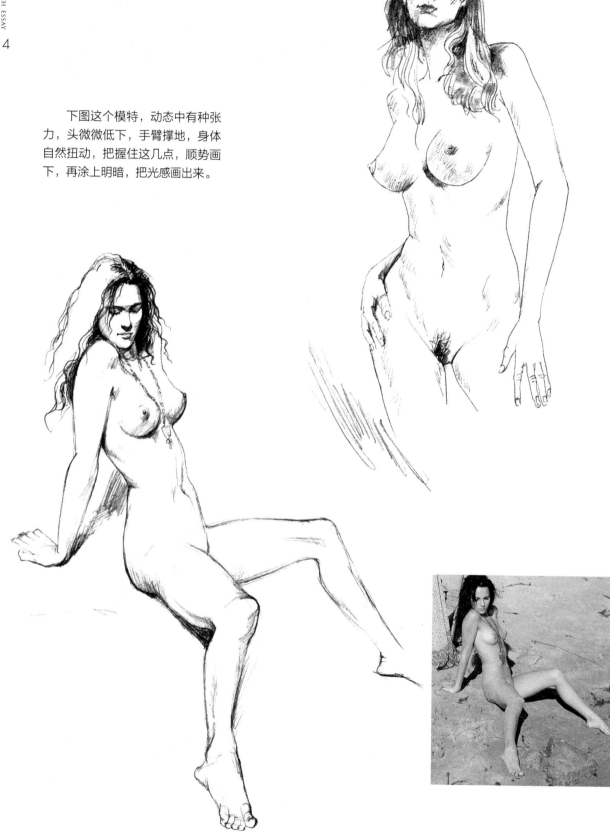

右图模特在自然中，在阳光下，非常自然的
一个回眸。略有扭动的姿势将身体的曲线展现无
遗。我快速地用速写的方式记录了下来。

飞翔对于鸟来说，并不像人们
想象的那么有趣，只是为了生存。
——雅克·贝汉

有事业是件好事，但你
不能靠它熬过漫漫寒夜。
——玛丽莲·梦露

很多东西如果不是怕别人捡
去，我们早就扔掉了。
——王尔德

我热爱巴黎，因为在那里，人人可以有自己的主张。

——三宅一生

这是一个芭蕾舞演员，相貌身材都无可挑剔，摆的造型也很专业。画的时候，要控制头的大小，因为她高举着手。在A4纸上头的比例很小，又得把五官画清楚，稍微费了点劲。往下画就好画了，注意身体的扭动以及身体的比例，由于是侧光，围绕着明暗交界线涂点明暗，马上就产生了立体效果。

裸露从来不是性感的手段，不
同质感和设计的内衣所带来的朦胧
美才是最魅惑的武器。

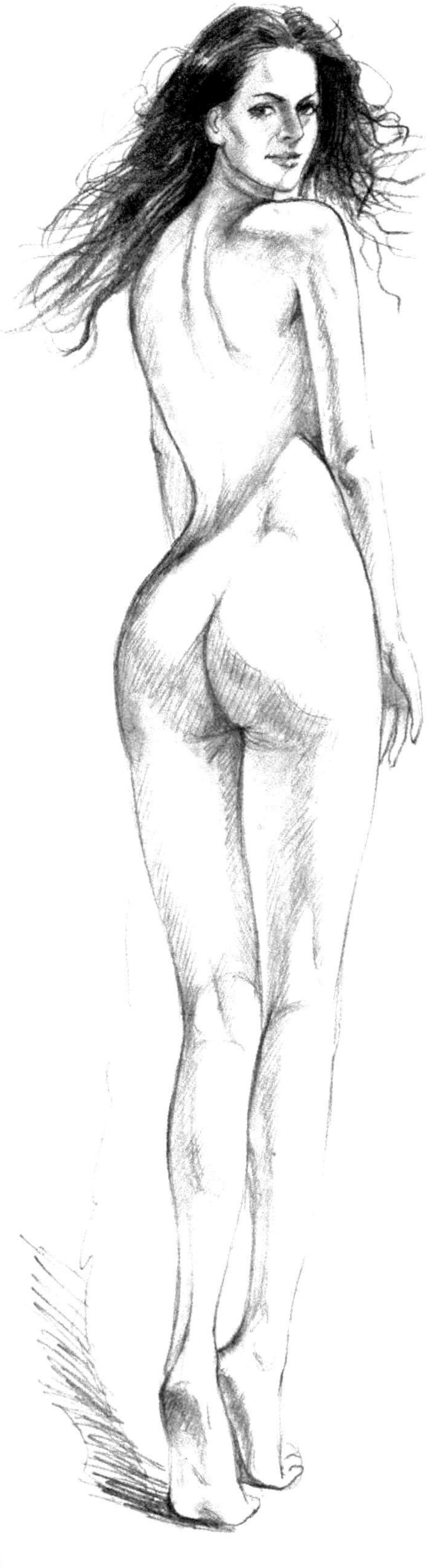

　　我一直关着门自己这样做，我觉得这也没什么不好，
因为这样会更自我、更有个性，不受别人的影响，更不受
潮流的掌控。

——王小慧

下图模特表现得极为性感，脸部表情充满诱惑，让人招架不住，特别是穿着丁字裤，更显得咄咄逼人。

生活是丑陋的，但我依然热爱它。
——杰尼·科罗娜

这个女模特转头回眸的表情以及那性感的背部，一下就吸引了我。拿起速写本开画，但是在A4纸上画，有一个问题，纸太光滑，根本画不出那种丰满厚重并带有弹性的感觉。

这世上只有一件事比被人议论
更糟糕，那就是不曾被人议论过。
——王尔德

当时为什么挑这张画，也实在说不
出什么理由，就是觉得挺美。

我有一个强烈的信仰，那就是
不能为自己的与众不同和独创精神
感到羞愧。

——让·保罗·高提耶

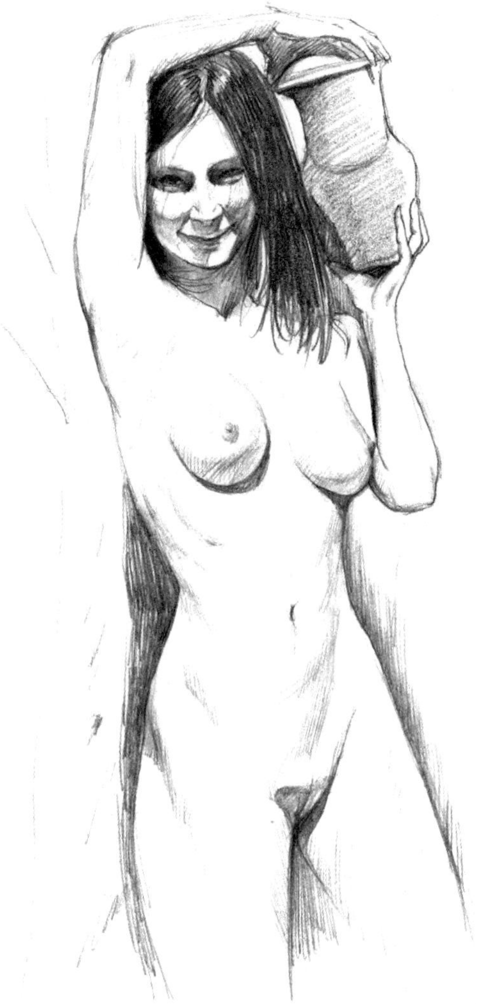

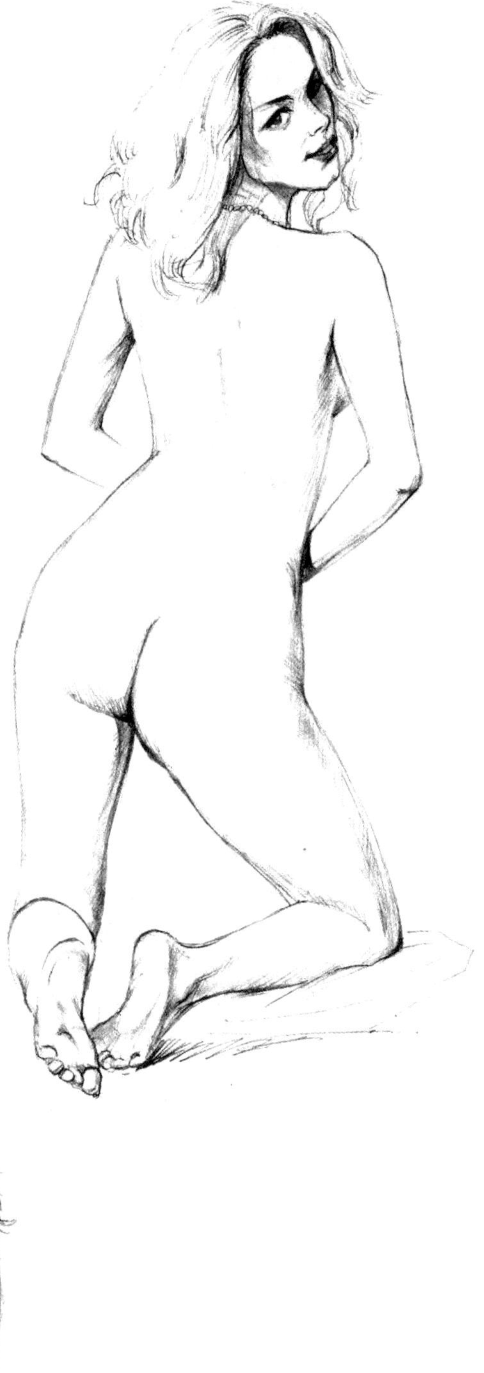

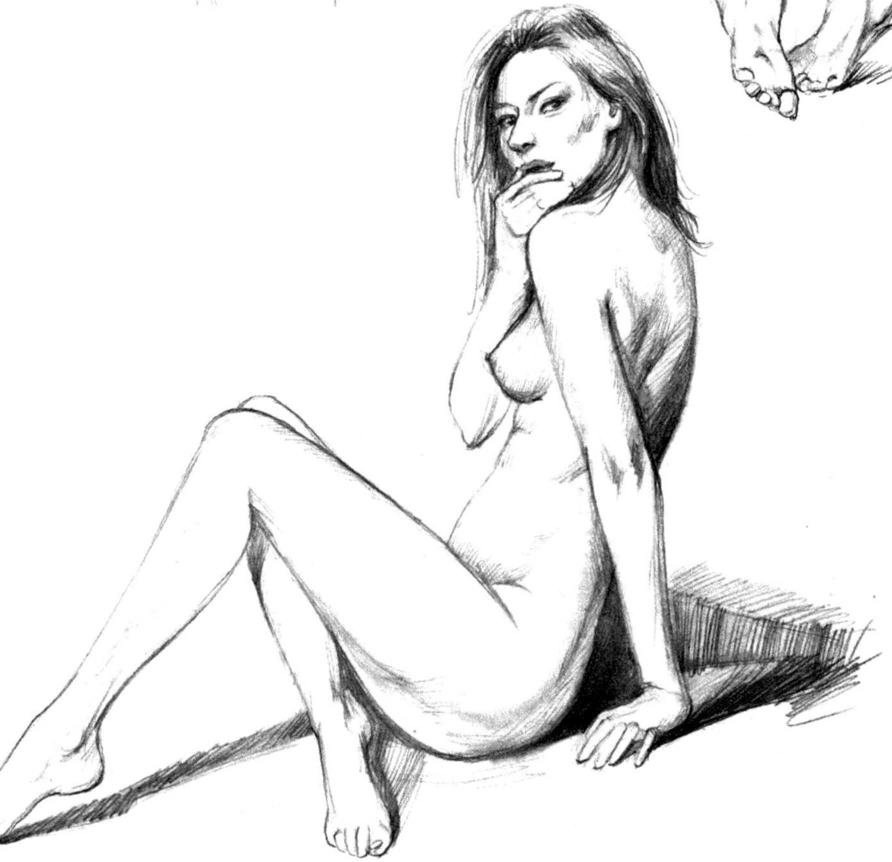

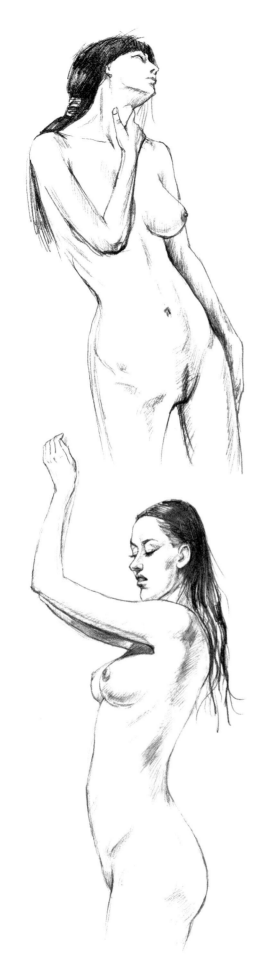

模特在镜头前的那种搔首弄姿，很有意思，并不是所有人都会摆姿势。

风格就像爱。你深爱着某样东西，只要用心经营，并有信念，它就能永恒。
——让·保罗·高提耶

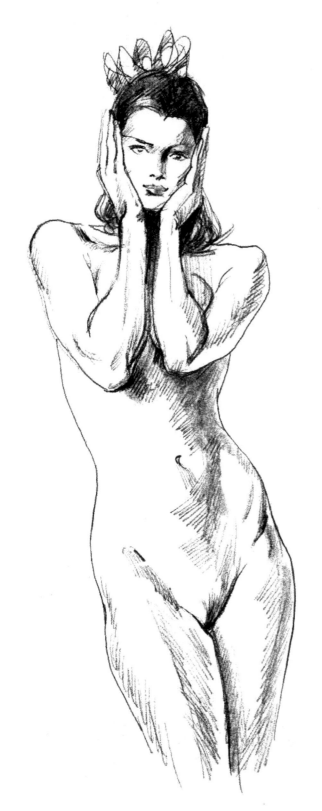

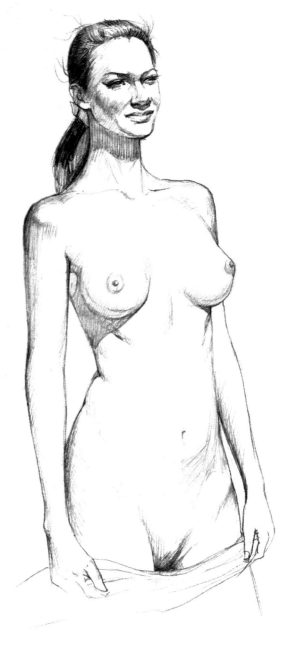

左图模特身材健美，表情生动，她的动态几乎张张都很美。

　　模特面对镜头的自信常常让我为之心动，她们的那种坦然，让我有种偷窥的感觉。你可以感觉到模特不是在配合摄影师，而是在愉快地享受山风，阳光，以及大自然的拥抱。

　　大多数人喜欢在画面上看到一些在现实中他也爱看的东西，这是非常自然的倾向。我们都喜爱自然美，都对那些把自然美保留在作品中的艺术家感激不尽。

——贡布里希

很多人不需要再见，因为只是路过而
已。遗忘就是我们给彼此最好的纪念。

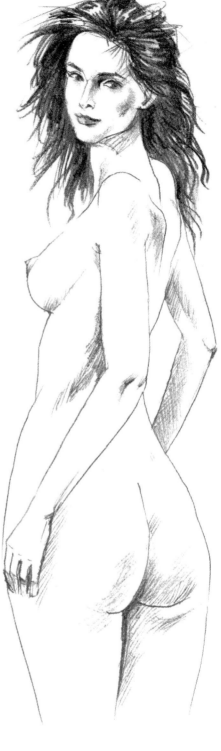

人体是艺术探讨研究的中心内容，人体艺术领域
包括所表现的任何艺术形式，诸如音乐，舞蹈，戏
剧，文学，诗歌和美术等，人类是地球万物的主宰，
而人体艺术是自然界、生物界发展到顶峰的标志。

画人体速写时，你得清楚要突出什么，表现什么，哪些要概括，哪些要点到为止，哪些要实，哪些要虚，要做到见好就收。

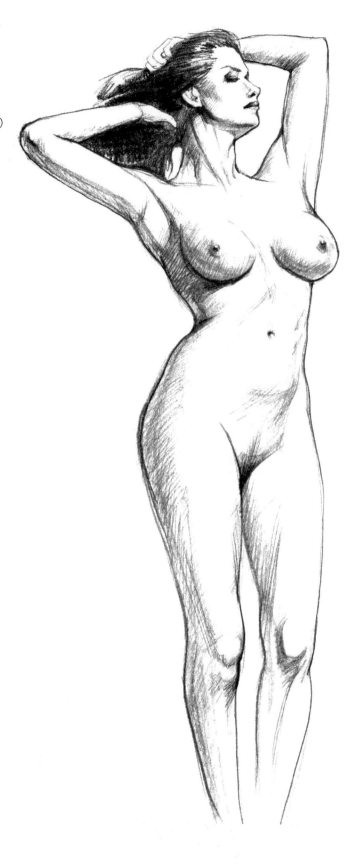

我对身体感兴趣，在身体的性
感与空间之中，用我们所穿的所用
的体现出我们的文化。
——侯赛因·卡拉扬

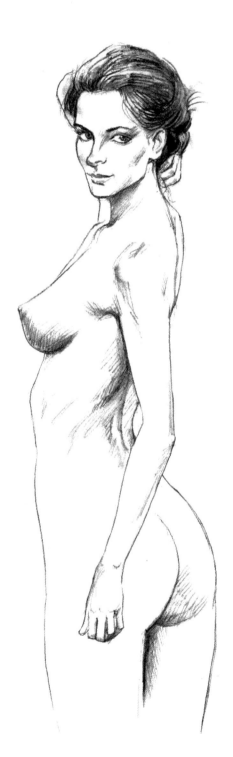

美是简单的存在，内在
的美不会依靠外在的形式。
　　　　——芭芭拉·布

爱做什么就做什么，当你达到
目标时，就没人会说你做错 了。
　　　　　——卡尔文·克莱恩

我们真的发现，有那么一些人，在充满利欲熏心的人世沉浮中义无反顾地做着自己喜欢的事。他们的精神在信仰危机中顽强地活着，他们是自由、快乐的，而我们以为他们穷得就剩下精神了。

我们经历着生活中突然降临的一切，毫无防备，就像演员进入初排。如果生活的第一次彩排便是生活本身，那生活还有什么价值呢？
——《生命中不能承受之轻》

我对一切充满好奇心。对艺
术、对名著、对人、对性。总之对
我身边的一切，更对我所不知的一
切。如果我即将离开人世，我最大
的遗憾是我不知道明天的一切。
　　　　　　　　——杰尼·范思哲

这个模特身材健美，动态优美舒展，表情恬静。画的时候，注意头与脖子的关系，肩与胯的关系，适当夸张一下腿的感觉。根据结构适当涂些明暗，尽量简洁地表达。

我喜欢看芭蕾是因为女性身体的扭曲会改变衣服的结构和形式，人类的姿势给予我创造的灵感。
　　　　　　　——吉尔·罗斯尔

右边这个模特笑容很
灿烂，几笔就画了出来。

高级时装之所以完蛋，是因为
它掌握在不了解女人的男人手里。
只有女人才真正了解女人。
——可可·香奈尔

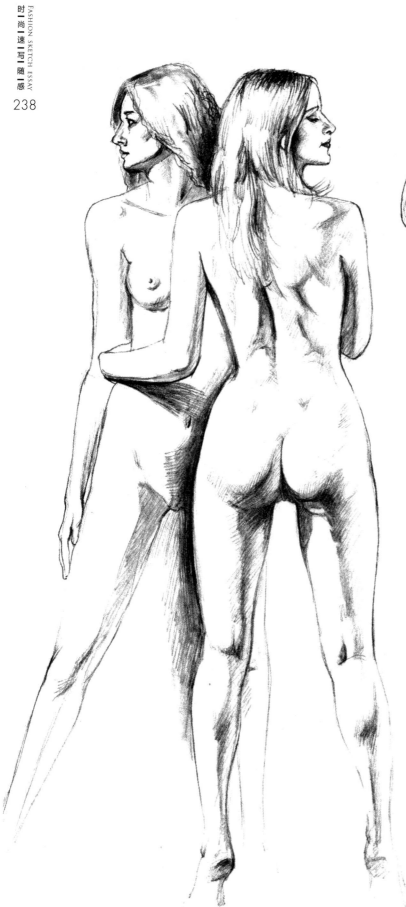

我希望创造一种既可以凸显女人味，又可以自然顺应女性身体曲线的服装。

——可可·香奈尔

下图模特身材修长，长得很结实，略带点骨感。我用了一种粗糙的纸，轻松随意地画了出来。但要抓住骨骼与结构。

我唯一知道的事，就是我一无所知。
——苏格拉底

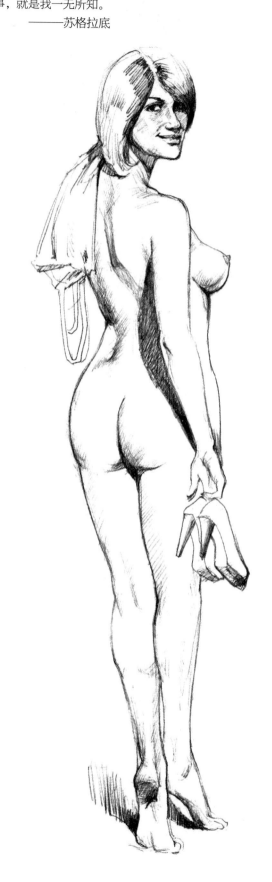

上边的这张画得很轻松，我感
觉画画不能太紧张，画着玩，心态
调整好，就容易画好。

我喜欢模特在大自然中的感觉，那么放松，那么惬意。阳光洒在她们身上，将身体的凹凸起伏尽显无遗。画的时候将这种光感画出来非常有意思。

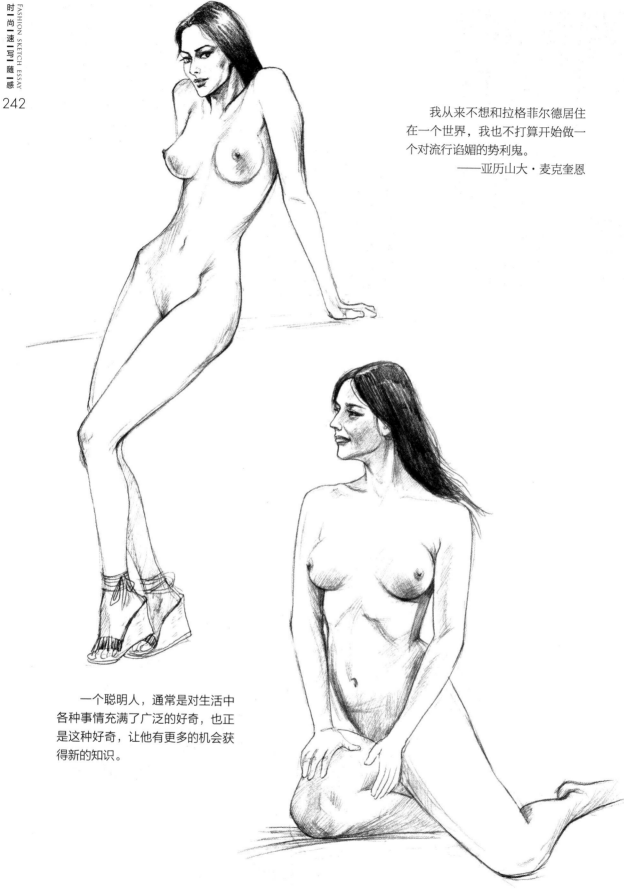

我从来不想和拉格菲尔德居住
在一个世界，我也不打算开始做一
个对流行谄媚的势利鬼。

——亚历山大·麦克奎恩

一个聪明人，通常是对生活中
各种事情充满了广泛的好奇，也正
是这种好奇，让他有更多的机会获
得新的知识。

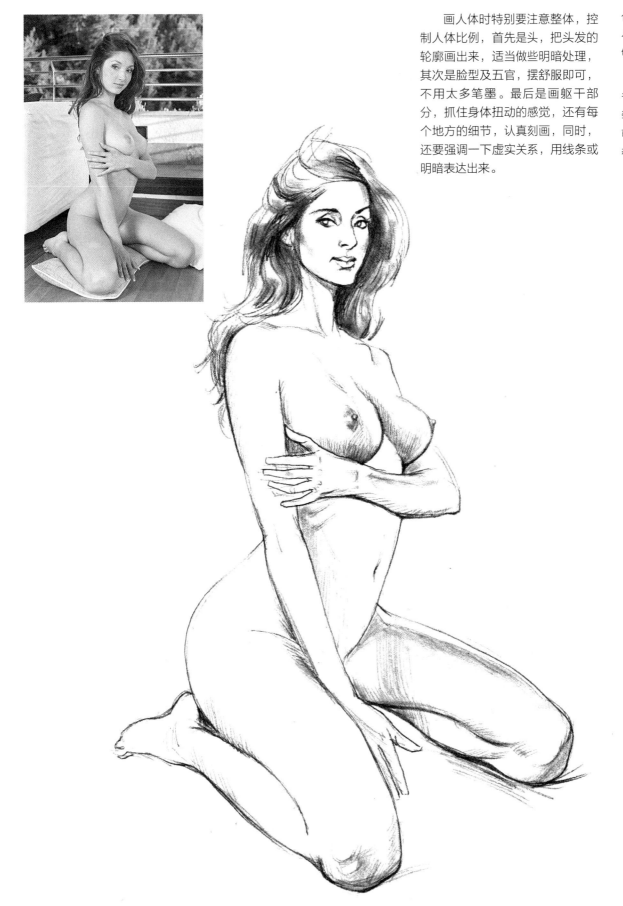

画人体时特别要注意整体，控制人体比例，首先是头，把头发的轮廓画出来，适当做些明暗处理，其次是脸型及五官，摆舒服即可，不用太多笔墨。最后是画躯干部分，抓住身体扭动的感觉，还有每个地方的细节，认真刻画，同时，还要强调一下虚实关系，用线条或明暗表达出来。

生活中只有一种英雄主义，那
就是在认清生活真相之后依然热爱
生活。

——罗曼·罗兰

左图模特在海边的阳光下，摆出一副懒洋洋的姿势，太美了。画的时候也很过瘾，尤其是光影部分，画出那种反光效果来，心情非常愉悦。

如果人们总盼着我拿出震惊天下的作品展示，那他们就是白痴。
——亚历山大·麦克奎恩

人体是高于一切其他形象的最
自由最美的形象。

——黑格尔

我设计服装的目的，在于使女性看
起来年轻，愉快地生活，自由地呼吸。
——可可·香奈尔

画人体速写不用画得太深入，
只要大的动态及比例关系画好就
行，涂明暗时抓住结构，寥寥几笔
点到为止。

幸福就是肉体无痛苦，灵魂无纷扰。
——伊壁鸠鲁

这张画画得很顺手，模特的五官
表情画好，身体的扭动画出来，适当
刻画一下局部，收手。我挺满意。

模特的背部看着也很性感，肩胛骨是女人背后的装饰，但画起来很困难，还是对解剖认识不够，处理起来很吃力，勉强画出来，不理想。

人须在事上磨。磨到位了，就强大了。
　　　　　　　　——王阳明

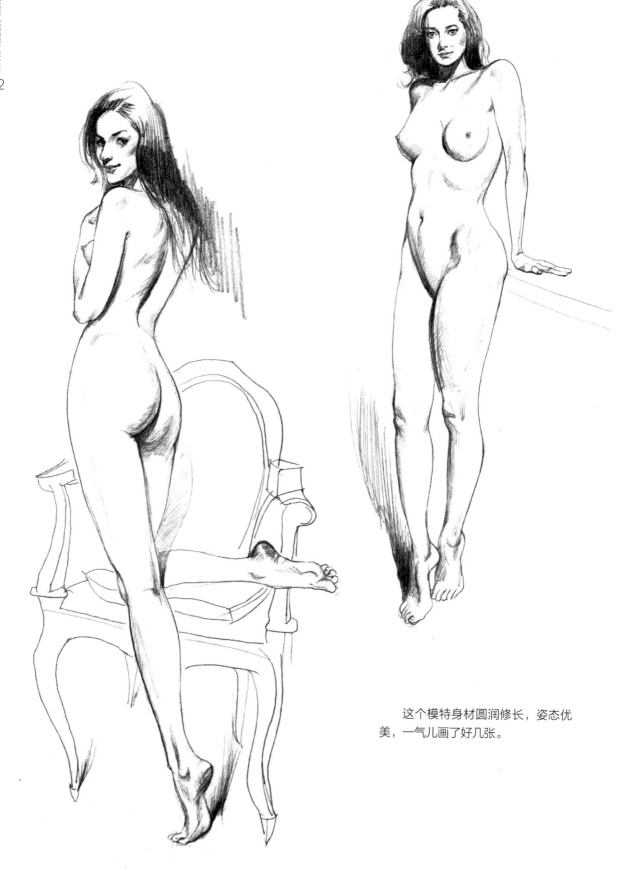

这个模特身材圆润修长，姿态优美，一气儿画了好几张。

我并不是为了取悦人们而设计的，我设计时装是为了让人们更自信，更敢于展示自我。让我更感兴趣的人是谁，而并非他看起来如何。
——让·保罗·高提耶

谁都可能出错儿，你在一件事
上越琢磨得多就越容易出错儿。
——《好兵帅克》

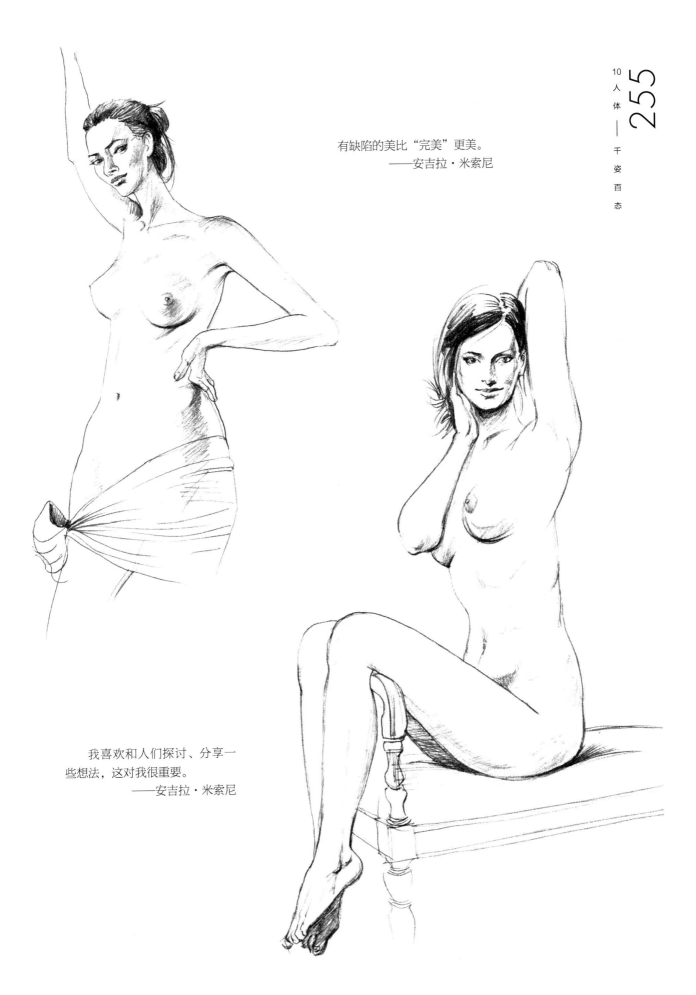

有缺陷的美比"完美"更美。
——安吉拉·米索尼

我喜欢和人们探讨、分享一
些想法，这对我很重要。
——安吉拉·米索尼

我不在乎别人的诋毁，好
东西都是骂出来的。
　　　——让·保罗·高提耶

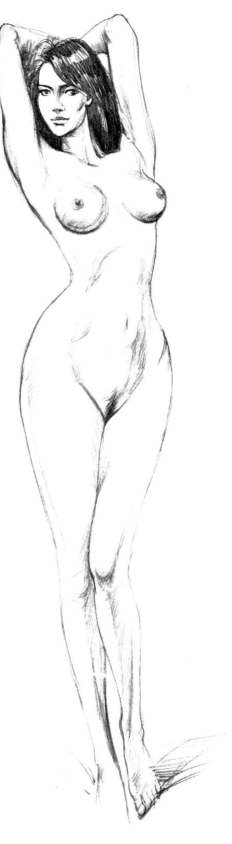

能激发我的灵感的是一切
能让你远离精神污染的东西。
——让·托透

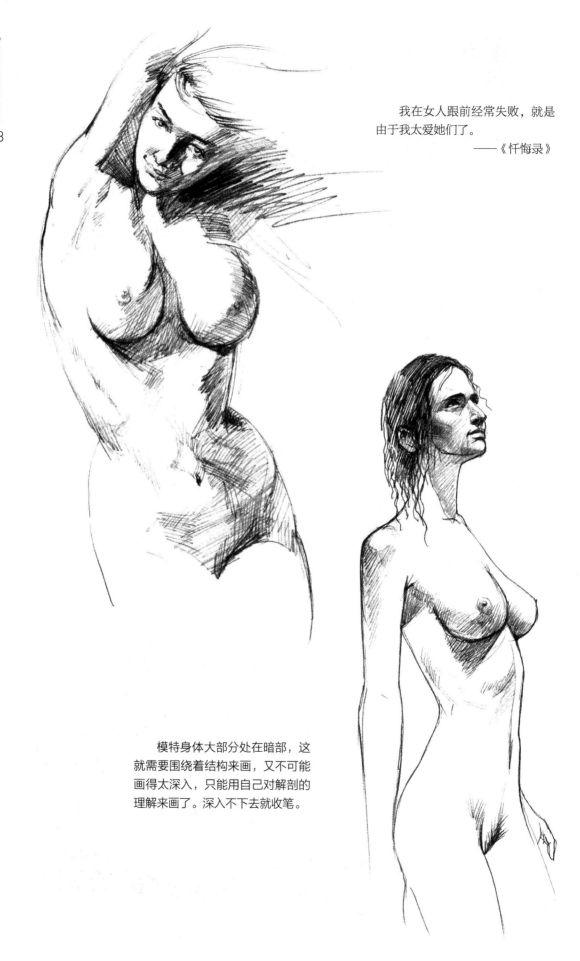

我在女人跟前经常失败，就是
由于我太爱她们了。
——《忏悔录》

模特身体大部分处在暗部，这
就需要围绕着结构来画，又不可能
画得太深入，只能用自己对解剖的
理解来画了。深入不下去就收笔。

人体能最充分、最真诚、不隐
蔽地表现人的情绪和内在的面貌
（不是一切都可以加上裤衩的）。

今天，由于人体美具有特殊的审美价值，除了雕塑、绘画外，人们已经在电影、摄影、芭蕾和体操、游泳、滑冰等艺术和运动中，用各种不同的语言去表现、创造、赞美人体美。它不仅给人们带来艺术美的享受，而且也陶冶着人们的审美情操和艺术趣味。

性感是一堆垃圾！我之所以设计那款低腰裤，根本就是为了拉长女人身体的比例。
——亚历山大·麦克奎恩

优雅是一个被滥用了的词，但它能让我有兴趣，它能提升你，并让你轻松。

——简·桑德

感情有理智根本无法理解的理由。
——《月亮和六便士》

美是最自我的东西。
　　——德赖斯·范诺顿

裸体是人类最自然的状态，我喜欢生命喜欢美好。

世界上一切好东西对于我们，除
了加以使用外，实在没有别的好处。
　　　　　　——《鲁滨逊漂流记》

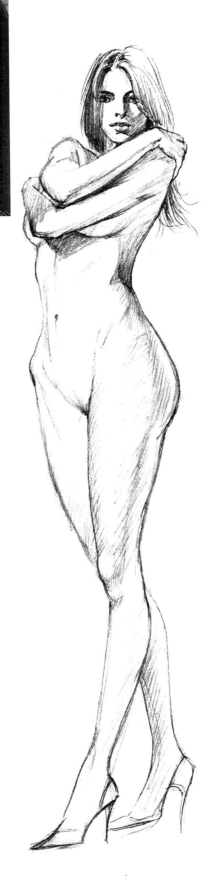

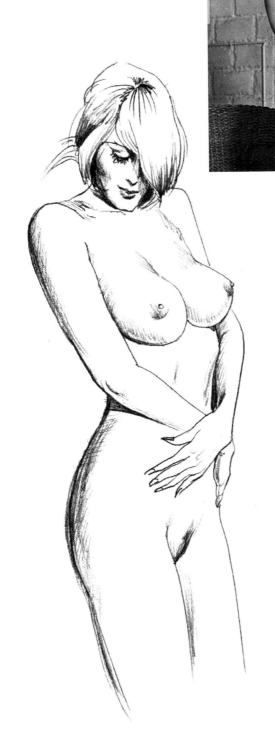

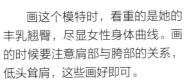

画这个模特时，看重的是她的
丰乳翘臀，尽显女性身体曲线。画
的时候要注意肩部与胯部的关系，
低头耸肩，这些画好即可。

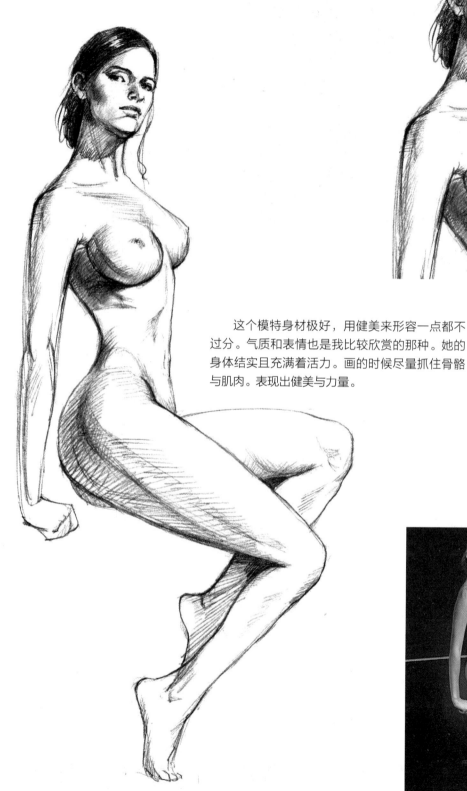

这个模特身材极好，用健美来形容一点都不过分。气质和表情也是我比较欣赏的那种。她的身体结实且充满着活力。画的时候尽量抓住骨骼与肌肉。表现出健美与力量。

海边的少女有一种浪漫的情
怀。头与身体形成的角度，那种回
眸远眺的感觉，吸引了我，画的时
候，还能感觉到阵阵海风。

这个模特的动态优美自然，坐姿闲适，让人眼前一亮。将微微扬起的头画完之后，脖子与肩部的关系要处理好，背部的弧线尽量画准。最后用明暗将前后的虚实关系处理好。

反叛或者卓尔不群就是美。
——亚历山大·麦克奎恩

这个蜷着的身体看着很舒适，当然，画起来有点难度，重要的是把握头与肩的关系。我每次都是把头先画好，花的时间比较多，脸画得满意后，才有情绪往下画。

画这张图时，这个模特表情和动态非常优雅，我就刻意将其表现出来。先是发型，之后是脸，再将五官和表情画好，最后把身体的动态画出来。适当画一些明暗。

性教育并不发达的时代，年轻的英国女孩在出嫁前接受的唯一对于性爱的指导，便是"闭上眼睛，想着英格兰"。

——《马戏团之夜》脚注

凡是想依正路达到这深密境界的人应
从幼年起，就倾心向往美的形体。
　　　　　　　　──《文艺对话录》

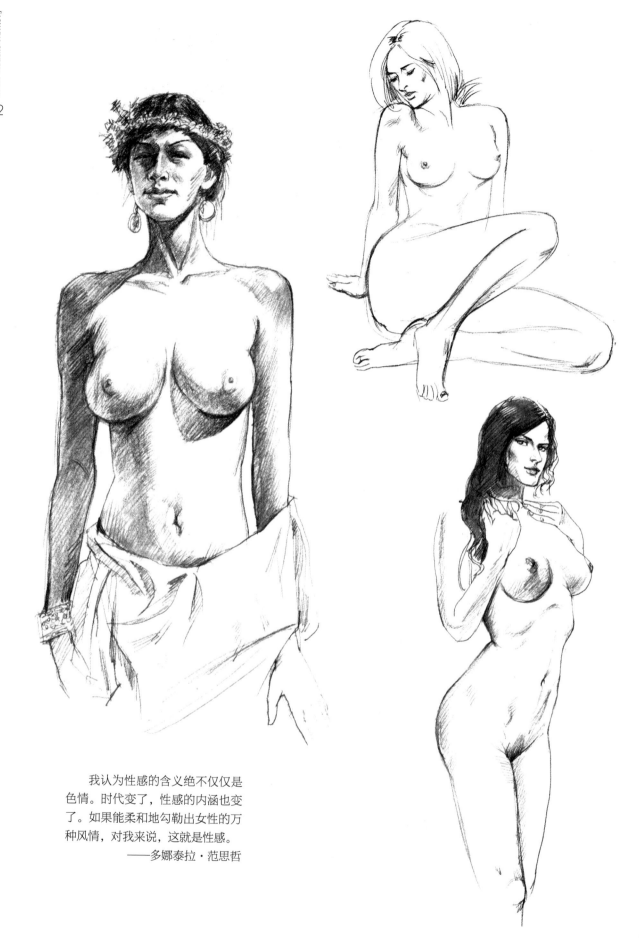

我认为性感的含义绝不仅仅是
色情。时代变了，性感的内涵也变
了。如果能柔和地勾勒出女性的万
种风情，对我来说，这就是性感。
——多娜泰拉·范思哲

美丽并不总能给以人愉悦，它能给人带来混乱与不堪，它是一个时代与艺术的表现，而不是物质上的东西。

——克里斯汀·拉格鲁瓦

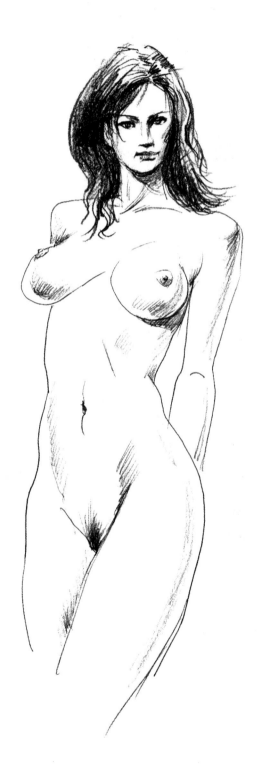

我喜欢用自己的方式将看上去完全
不同类型的风格混在一起，组合成自然
的诗意。
　　　　　　　　　——安东尼奥·马哈斯

一旦有什么东西让你的眼睛和
灵魂得到愉悦，那就是美。
　　　　　——弗里达·贾娜妮

怪诞绝伦就是在实施一种想法时追求更高的质量。在对时装式样进行解构之前，还必须善于构建，否则就会搞出荒谬的东西。比如马丁·马吉拉或川久保玲能够把一件衣服完全拆开，然后重新缝好。即使他们重新缝好的衣服和原来的不尽相同，这仍然是一种技艺高超、十分优雅的练习。

——亚历山大·麦克奎恩

对于一个人来说，最重要的关系是你与自我的关系。因为不管发生什么，你只能自己陪着自己。
——戴安·冯弗斯腾伯格

我尝试着将时装与运动结合在一起，最终所呈现的效果便是一部分身体是裸露的。

这是一个亚裔模特，身材很棒，属于健美型的。但真抓人眼球的是她那冷冷的眼神。绘画时，脸稍稍下了点功夫，右边的肩头费了劲了，画了几遍都不理想。她最得意的还是两条大长腿——最后把投影画上。

美是个性，再没有比珍视自己独特个性的女人更具有吸引力了。她们有自信去表达自己，去谈论新的东西，从内心去创造。

——唐娜·卡伦

即使你不能成为第一流的，
但至少应该是超越常规的。
——弗兰科·莫斯基诺

性感往往能给人带
来一种成熟的美感。